Estudio del Calor:
Termodinámica

Estudio del Calor: Termodinámica

Ing.: Gerardo V. Morelli

Pje España 1467. Te/Fax: 4680913. (5000) Córdoba. Argentina – editorialuniversitas@yahoo.com.ar

UNIVERSITAS
U
Editorial
Científica
Universitaria
CÓRDOBA

Diseño de Tapa: Universitas.
Autoedición: Universitas.
Producción Gráfica: Universitas.

Email: editorialuniversitas@yahoo.com.ar

ISBN: 978-987-572-015-2

Indice

Prólogo

En este breve libro, se tratan nociones básicas de la termodinámica como parte de un curso de física general, es decir, no debe ser considerado como un texto específico de termodinámica como asignatura. De todos modos el autor desea que sea útil para una eventual prosecución de estudios más extensos y profundos de la termodinámica (como debe ser en las carreras de ingeniería mecánica, aeronáutica, química).

No se han incluído los ejercicios problemas (éstos se dan en guías durante el desarrollo del curso), pues se pretende que el libro sea útil para la "*parte*" teórica del curso y que su publicación disminuya la "*sensación de culpa*" del docente cuando el tiempo de clase no le alcanza para la exposición oral detallada de algunos temas. Sin duda la publicación también ha de disminuir un poco la inseguridad de los alumnos respecto del "*nivel*" que se pretende en los exámenes.

Gerardo V. Morelli

Nota:

Es costumbre del autor utlizar tres signos de igualdad diferenciados, a saber:

1) $\triangleq$ es el "igual por definición"
2) $\overline{\triangledown}$ es el "igual por experiencia"
3) $=$ es el "igual por deducción"

Ejemplos

1) Definción de la velocidad:

$$\vec{V} \triangleq \frac{\overrightarrow{dr}}{dt}$$

en cambio si se despeja $\overrightarrow{dr}$

$$\overrightarrow{dr} = \vec{V}\, dt$$

2) Ley de Newton:

$$\sum \vec{F} \overline{\triangledown}\, m\vec{a},$$

etc.

1

Estudio del calor: Termodinámica

La termodinamica es la parte de la física en donde se estudia una forma de la energía denominada Calor (ó energía Térmica) y sus transformaciones, en especial, en Trabajo.

Es interesante destacar que el estudio del calor, en forma científica se inicia por personas que pensaban que era una especie de fluído (el "calórico") contenido por la materia. El ingeniero francés Sadi Carnot (1796-1832), a quién debemos importantes temas de la termodinámica, pensaba de ese modo. Para él, los principios teóricos de funcionamiento de un motor térmico (por ejemplo, el motor a vapor) eran análogos a los de un motor hidráulico.

Se debe principalmente al físico inglés James Prescott Joule (1818-1889) la idea de que el calor es una forma de la energía, pues puede obtenerse del trabajo mecánico y eléctrico.

1.1. Definiciones

Debemos definir ciertos conceptos y magnitudes para abordar el estudio propuesto. Algunos de ellos seguro que el alumno ya los posee de otras materias (Fisica I).

1.1.1. Presión (p)

Sean I y II partes de un fluído "separadas" mentalmente por una superficie imaginaria S (fig.1-1). En esta figura la superficie está vista "de perfil". Pensemos en un dS infinitesimal y sea $\overrightarrow{dF}$ la fuerza que la parte I hace sobre la II, a través de dS.

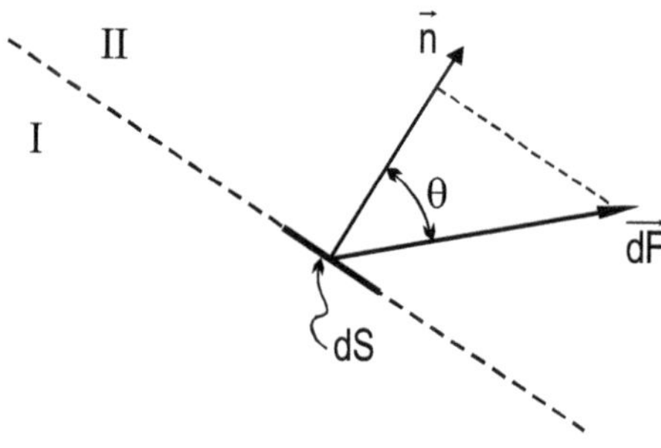

Figura 1-1

Si $\vec{n}$ es el Versor Normal a dS y el punto $(\cdot)$ indica producto escalar, se tiene por definición:

$$p \triangleq \frac{\overrightarrow{dF} \cdot \vec{n}}{dS} = \frac{\left|\overrightarrow{dF}\right| \cos\theta}{dS}$$

Es claro que $\left|\overrightarrow{dF}\right| \cos\theta$ es la componente del vector $\overrightarrow{dF}$ sobre la normal a dS. En un fluído en reposo, o bién en movimiento, pero con Viscosidad despreciable, es $\theta = 0^\circ$, de modo que resulta simplemente $p = \frac{\left|\overrightarrow{dF}\right|}{dS}$. La presión p es una magnitud escalar.

Además no depende de la "orientación" de dS, es decir, si imaginamos que dS gira, el cociente $\frac{\left|\overrightarrow{dF}\right|}{dS}$ se mantiene: La presión sólo es función del punto del fluído que se considere y no de la dirección. No ocurre lo mismo con la Tensión en un sólido.

Unidad

Es una unidad derivada de su definición:

$$(p) = \frac{(\vec{F})}{(S)}$$

En el sistema internacional (S.I) es $(p) = \frac{Newton}{m^2} \triangleq pascal(pa)$. En la técnica aún se utiliza la unidad inglesa $\left(\frac{libra}{pu\lg^2}\right)$ (Se denota psi) o también el $\left(\frac{Kgf}{cm^2}\right)$, llamado atmósfera técnica. El bar es 10^6 dinas/cm^2.

También en base a la relación $p = p_o + \rho g y$ donde ρ es la densidad, se suele medir la presión en longitud de una columna de líquido (mercurio o agua). Sabemos que 760mm de Hg es la presión atmosférica standard ("atmósfera mormal"). El alumno precticará con las equivalencias.

1.1.2. Sistema

Es la porción de materia, cuerpos, etc., en Estudio. Conviene imaginar al Sistema delimitado por una superficie matemática. Siempre es necesario (como en todo estudio) tener bien en claro cuál es el sistema en estudio. En termodinámica esto adquiere especial importancia. Una elección conveniente de los límites del sistema puede facilitar la resolución de un problema. Luego se verán algunos ejemplos.

1.1.3. Magnitudes extensivas

Son magnitudes que dependen de la masa del sistema, es decir, si X es una magnitud de valor X_1 para un sistema de masa m, el valor de X para la fracción m/a es X_1/a. (Suponemos uniformidad de X en toda la masa).

Si a estas magnitudes se las divide por la masa, pasan a ser densidades y pertenecen a la caracterización siguiente. Ejemplos de magnitudes extensivas son: la propia masa, el volumen, la energía, la entropía, etc.

1.1.4. Magnitud intensiva

Son magnitudes que no dependen de la masa, es decir, si Y es una magnitud, de valor Y_1 para un sistema de masa m, el valor de Y no cambia para la fracción m/a. Ejemplos de magnitudes intensivas son: las densidades, la presión, la temperatura, el índice de refracción óptico, la conductividad, etc.

1.1.5. Sistema homogéneo

es un sistema en el cual todas sus partes poseen los mismos valores de las magnitudes intensivas. Por ejemplo:

- cierta cantidad de agua líquida
- cierta cantidad de solución no saturada (sin cristales) de azúcar y agua.
- una mezcla de gases, como el aire.

1.1.6. Sistema heterogéneo

Es un sistema que posee partes con valores distintos de las magnitudes intensivas. Por ejemplo:

- cierta cantidad de agua líquida y sólida (hielo).
- cierta cantidad de solución saturada, con cristales sólidos.

1.1.7. Fases

Son las partes de un sistema heterogéneo que poseen los mismos valores de las magnitudes intensivas. Son fases el agua líquida, el hielo y el vapor. La solución líquida por un lado y los cristales (p. ej. de azúcar) por el otro. Pueden existir fases distintas en un medio sólido (p. ej. el hielo, hay hielo I, II, etc, en las aleaciones, etc.). No puede haber fases distintas en un medio gaseoso.

1.1.8. Estado de un sistema

Es la noción conjunta de los valores de las magnitudes, tanto extensivas como intensivas. La existencia en algunos casos de ecuaciones de estado hace posible pensar en algunas magnitudes como independientes y las restantes dependientes. Quizás el alumno sepa que para para un Gas Perfecto o Ideal existe la siguiente relación antre la presión p, volumen V y temperatura T (°K)

$$pV = nRT$$

dónde *n* es el n° de moles, *R* la constante universal de los gases ideales. De modo que si se fijan 2 magnitudes, por ej p y V queda determinada la temperatura

$$T = \frac{pV}{nR}$$

y así queda determinado el Estado del Gas.

1.1.9. Transformación de estado (o simplemente Transformación)

Cuando las magnitudes que definen el estado de un sistema varían en el tiempo asistimos a una Transformación.

Generalmente no hacemos referencia al tiempo que tarda la transformación.

1.1.10. Transformaciones Reversibles e Irreversibles

Los cambios de estado de un sistema suelen ocurrir en interacción con el exterior (o medio ambiente). Si el sistema experimenta una transformación en cierto sentido (por ej., una compresión = disminución del volumen) y el cambio "infinitesimal" $\left(dX_{ext}\right)$ de alguna magnitud del medio ambiente (por ej. la presión exterior p_{ext}) puede cambiar el sentido de la transformación (por ej. a expansión = aumento del volumen), diremos que la transformación es reversible. Por el contrario, si el cambio de la magnitud debe ser "finito" $\left(\Delta X_{ext}\right)$ diremos que la transformación es irreversible.

Las transformaciones reversibles exigen, instante por instante, la igualdad o equilibrio entre los valores de las magnitudes de estado del sistema y las correspondientes del medio ambiente. Esto hace que la reversibilidad sea una idealización, en la práctica siempre se requieren desequilibrios y variaciones finitas para provocar la inversión de la transfomación, es decir, en la realidad, las transformaciones son irreversibles.

Daremos un ejemplo sencillo de irreversibilidad: sea un sistema (sist), por ej. un gas, encerrado por un cilindro C y un émbolo E (fig.1-2(a) y (b)). En realidad el émbolo posee rozamiento contra las paredes del cilindro: sea $\overrightarrow{F_R}$ la fuerza de rozamiento.

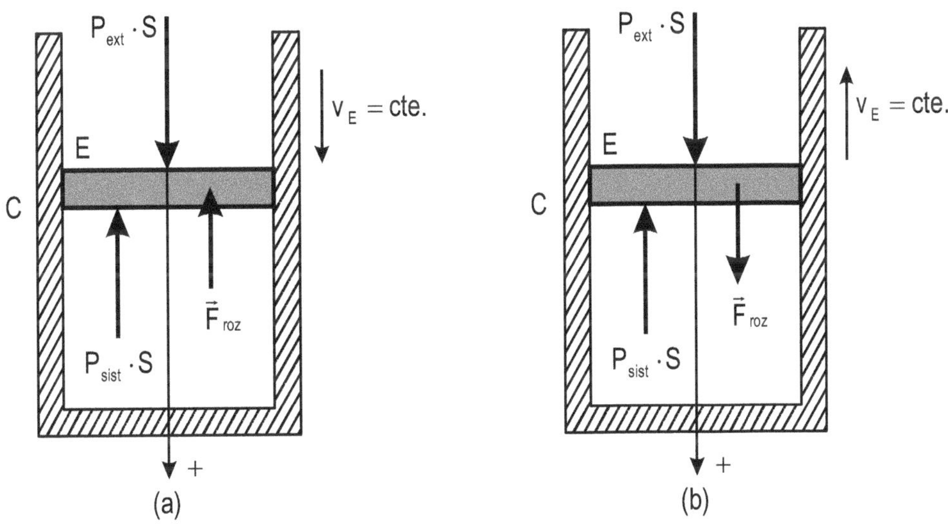

Figura 1-2

La fuerza de rozamiento $\vec{F}_{roz}$ es de interacción entre el cilindro C y el émbolo E. Pero C y E no pertenecen al sistema, sino que son parte del medio ambiente. Dicho de otro modo, la fuerza de rozamiento NO esta aplicada al sistema.

Para que se produzca una compresión (fig.2(a)) con velocidad del émbolo $\vec{v}_E = cte$, debe cumplirse, tomando un eje coordenado positivo hacia abajo:

$$P_{ext}S - P_{sist}S - \left|\overline{F}_{roz}\right| = 0 \text{ o sea:}$$

$$P_{ext} = P_{sist} + \frac{\left|\overline{F}_{roz}\right|}{S} \qquad (1)$$

Si ahora queremos que se invierta la transformación (fig.1-2(b)), es decir, que pase a ser expansión, debemos bajar la presión exterior a un nuevo valor P'_{ext} tal que el émbolo comience a subir, pero entonces la fuerza de rozamiento se invierte, de modo que ahora se tiene:

$$P'_{ext}S - P_{sist}S + \left|\overline{F}_{roz}\right| = 0$$

o sea:

$$P'_{ext} = P_{sist} - \frac{\left|\overline{F}_{roz}\right|}{S} \qquad (2)$$

restando m.a.m. $(2)-(1)$:

$$P'_{ext} - P_{ext} = \Delta P_{ext} = -2\frac{\left|\overline{F}_{roz}\right|}{S}$$

Comprendemos así que el cambio de la presión exterior ha tenido que ser Finito para lograr la inversión, por ende la transformación es irreversible.

Además: la velocidad v_E debe ser muy baja para que la presión p_{sist} sea uniforme en toda la masa del sistema: es otro requisito para que una transformación sea reversible: durante la transformación las magnitudes de estado deben tener valores uniformes en toda la masa del sistema homogéneo (o por fases en los heterogéneos).

Si $\overline{F}_{roz} = 0$ y v_E es pequeña la transformación podría ser reversible (caso ideal).

Es interesante señalar, como un adelanto, que las tranformaciones reversibles son representables por curvas en planos coordenados. Las primeras gráficas que veremos son en planos de ejes (volumen-presión), (volumen-temperatura), (presión-temperatura).

Una transformación irreversible, en rigor, no es graficable por una curva.

1.1.11. Trabajo de expansión-compresión (por cambio de volumen)

El alumno sabe por Fisica I que si tenemos una fuerza $\vec{F}$ aplicada a una partícula (fig.1-3) y ésta se desplaza un infinitésimo $d\vec{r}$, el trabajo de $\vec{F}$ es, por definición:

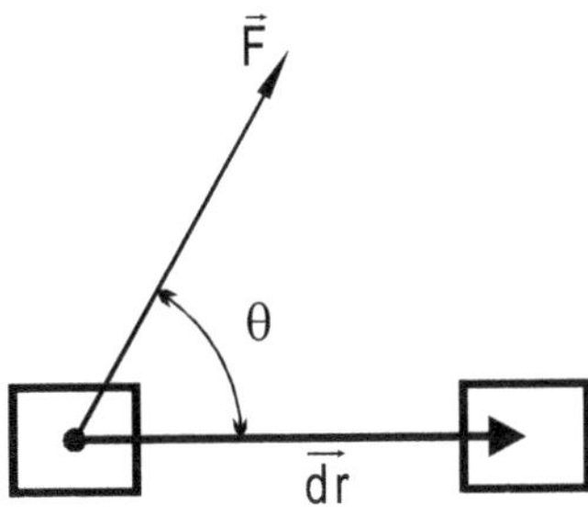

Figura 1-3

$$\delta W \triangleq \vec{F} \cdot d\vec{r} \triangleq \left|\vec{F}\right|\left|d\vec{r}\right|\cos\theta$$

(el uso de la letra griega δ para W en lugar de la d se explicará luego).

El signo del trabajo lo determina el signo de $(\cos\theta)$.

Queremos adaptar la expresión del trabajo al uso de la termodinámica dónde se utiliza con frecuencia el concepto de presión. Para esta adaptación pensemos otra vez en el ejemplo común de un sistema encerrado en un cilidnro C con émbolo E (fig.1-4).

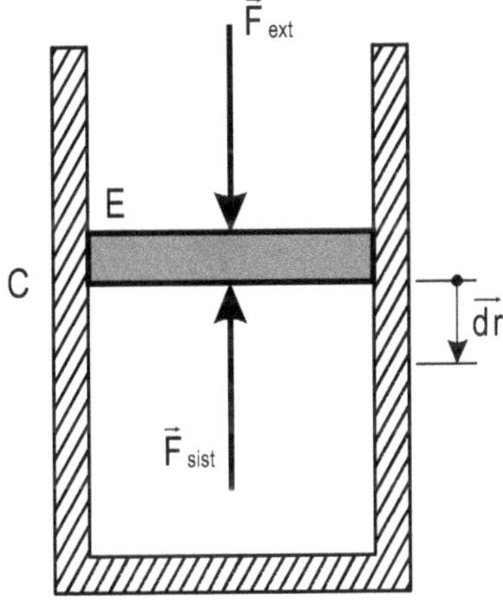

Figura 1-4

Pero ahora para mayor sencilléz, supongamos que no hay fuerza de rozamiento y la transformación es reversible (a $\vec{v} = cte$), por lo tanto hay equilibrio entre la fuerza exterior y la del sistema. Supongamos que se efectúa un desplazamiento infinitesimal $d\vec{r}$ de compresión: el trabajo de la fuerza exterior es

$$\delta W_{ext} = \vec{F}_{ext} \cdot d\vec{r} = \left|\vec{F}_{ext}\right|\left|d\vec{r}\right|\cos 0^{o} = \left|\vec{F}_{ext}\right|\left|d\vec{r}\right|$$

es positivo. Es costumbre, adquirida de tanto tratar con sistemas fluídos (gases, líquidos), escribir $\left|\vec{F}_{ext}\right|$ en función de una presión exterior "equivalente"

$$\left|\vec{F}_{ext}\right| = p_{ext} S$$

Esto se hace sin necesidad de que realmente exista una presión de algún fluído exterior (como puede ser el aire atmosférico).

Reemplazando $\left|\vec{F}_{ext}\right|$ se tiene:

$$\delta W_{ext} = p_{ext} S \left|d\vec{r}\right|$$

Interpretamos que $S\left|d\vec{r}\right|$ es la variación de volumen del sistema (dV_{sist}), pero para no cometer un error de signo en el trabajo debemos explicitar un signo menos

$$\delta W_{ext} = -p_{ext} dV_{sist}$$

En efecto, para la compresión es $dV_{sist} < 0$ y $\delta W_{ext} > 0$, para la expansión es $dV_{sist} > 0$ y $\delta W_{ext} < 0$.

Comentario

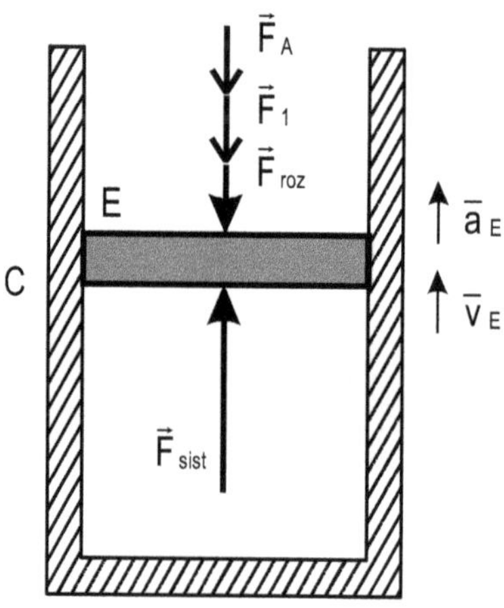

Figura 1-5

En realidad sobre un émbolo de máquina actúan varias fuerzas (fig.1-5): $\vec{F}_1$ podría ser la fuerza aplicada por alguna biela a vástago o el peso, $\vec{F}_A$ podría ser la fuerza ejercida por la presión de algún fluído externo (p. ej. la atmósfera), $\vec{F}_{roz}$ la ya mencionada fuerza de rozamiento de E con la pared interna del cilindro C y además la fuerza que el sistema ejerce, $\vec{F}_{sist}$. Además este conjunto de fuerzas en general no estara en equilibrio, de modo que si m_E es la masa del émbolo, se tiene por la 2da ley de la dinámica:

$$\vec{F}_1 + \vec{F}_A + \vec{F}_{roz} + \vec{F}_{sist} = m_E \vec{a}_E \qquad (3)$$

donde $\vec{a}_E$ es la aceleración del émbolo, ¿Qué fuerza se transmite al sistema "a través" del émbolo?. Es claro que debe ser tal que cumpla con el principio de acción y reacción con $\vec{F}_{sist}$:

$$\vec{F}_{ext(trans.)} = -\vec{F}_{sist}$$

despejando de (3)

$$-\vec{F}_{sist} = \vec{F}_{ext.trans.} = \left(\vec{F}_1 + \vec{F}_A + \vec{F}_{roz} - m_E \vec{a}_E\right)$$

Comprendemos así que solo en el caso ideal en que $\vec{F}_{roz} = 0$, $\vec{a}_E = 0$ las fuerzas exteriores $\vec{F}_1 + \vec{F}_A$ "pasan" al sistema ¡Generalmente en la realidad solo se aprovecha el trabajo de $\vec{F}_1$!.

Representación en ejes (volumen V, presión p)

Sea una transformación que hace pasar a un sistema del estado (1) al estado (2), de volúmenes y presiones V_1, V_2 y p_1, p_2 respectivamente, pasando por estados intermedios dados por la curva de trazo continuo de la fig.1-6. El alumno ha estudiado en Análisis Matemático el concepto de integral entre límites: interpreta fácilmente que el trabajo infinitesimal (de esp-comp).

$$\delta W = p dV$$

esta dado (en ciertas escalas de p y V) por el "área" de la faja de "altura" p y base dV, sombreada en la fig.1-6. El trabajo total (o finito) entre 1 y 2 se encuentra integrando:

$$W_{1\to 2} = \int_{V_1}^{V_2} p dV$$

y geométricamente esta dado por el área bajo la curva continua y el eje de absisas V.

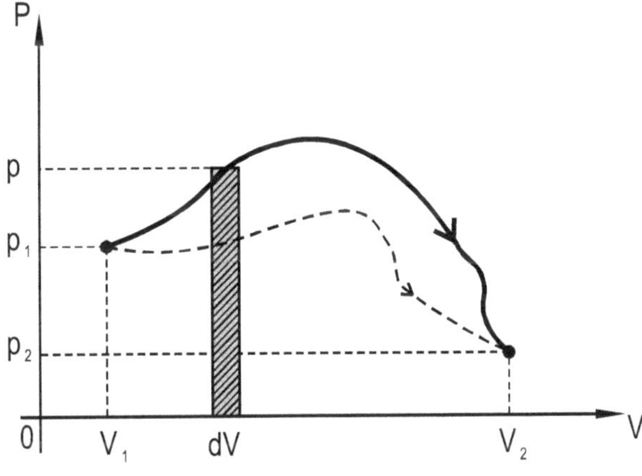

Figura 1-6

Se comprende claramente que si se efectúa otra transformación entre los mismos estados 1 y 2 pero pasando por estados intermedios distintos, dados por ejemplo, por la curva de trazos discontinuos de la fig.1-6 el valor del trabajo es otro distinto al anterior, de modo que: "el trabajo de expansión-compresión, no solo depende del estado final e inicial sino también de los estados intermedios, es decir, depende del tipo de transformación".

Esto hace que no sea posible establecer que

$$W_{1\to 2} = W_2 - W_1$$

Mas adelante insistiremos sobre esta cuestión de suma importancia.

Otros tipos de trabajo

Aparte del trabajo de expansión-compresión $\left(-p_e dV_{sist}\right)$ que hemos analizado, existen otros tipos de trabajo, como ser: eléctrico, magnético, de tensiones mecánicas (de corte y normales), de tensiones superficiales, de campos, como el de gravedad, etc. Veamos el trabajo electro-dinámico: si el sistema es todo lo encerrado por la caja de la fig.1-7 e ingresan a ella conductores con corriente i, bajo una diferencia de potencial ΔV, en un intervalo infinitesimal de tiempo dt se efectúa un trabajo

$$\delta W_{elect} = i \cdot \Delta V \cdot dt$$

El trabajo en un intervalo finito $\left(t_2 - t_1\right)$ es

$$W_{elect} = \int_{t_1}^{t_2} i \Delta V dt$$

Para una corriente invariante y ΔV cte. es:

$$W_{elect} = I\ \Delta V\left(t_2 - t_1\right).$$

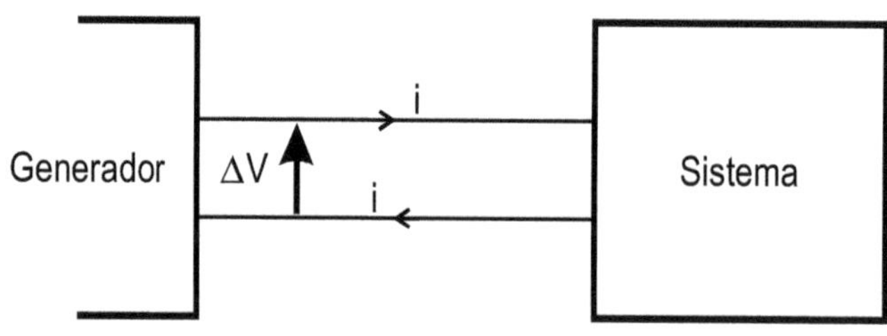

Figura 1-7

Indicaremos con δW^* a todo trabajo infinitesimal distinto al $\left(-p_e dV_{sist}\right)$, de modo que en general, el trabajo total exterior es

$$\delta W_{ext} = -p_e dV_{sist} + \delta W_{ext}^*$$

Para el ejemplo eléctrico es:

$$\delta W_{ext} = -p_e dV_{sist} + I \Delta V dt.$$

1.1.12. Concepto de energía interna U

La Energía Interna U es la energía total contenida en un sistema en cierto estado.

Generalmente es de muy difícil (o imposible) evaluación, pero normalmente en termodinámica sólo interesa su variación $\left(\Delta U\right)$ cuando el sistema experimenta una transformación. Es claro que si arbitrariamente asignamos un valor $U(o)$ a un estado de referencia (o) podemos afirmar que para otro estado (1) se tiene:

$$\Delta U = U(1) - U(o)$$

luego:

$$U(1) = U(o) + \Delta U$$

ΔU se puede evaluar o medir con relativa facilidad. (Algo similar ocurre con la energía potencial en mecánica o electricidad).

1.1.13. Conceptos de: Magnitudes de Estado y Magnitud de Transformación

Tenemos ahora la siguiente cuestión importante: como hemos definido a la energía interna como contenida por el sistema en cierto estado, aunque no la evaluemos, suponemos que en un estado (1) el sistema posee una energía interna $U(1)$ y en otro estado (2) en general otro valor $U(2)$, de modo que su variación al pasar el sistema del estado (1) al (2) es: $\Delta U = U(2) - U(1)$ No dependiendo esta variación de la transformación particular que se haya efectuado entre (1) y (2), es decir, no dependiendo de los estados intermedios.

Toda magnitud que posea estas propiedades diremos que es magnitud de estado (o potencial).

Su variación infinitesimal se indica con d recta.

¿Existen magnitudes que no gocen de tales propiedades?. Sí: el trabajo, para mencionar una que ya hemos analizado. Cuando se desplaza un cuerpo de (1) a (2) alguna fuerza puede efectuar un trabajo, NO decimos que el cuerpo contiene un trabajo en (1) y otro en (2), de modo que no debemos escribir

$$W_{1\to 2} = W(2) - W(1)$$

Ya vimos que el trabajo depende de los estados intermedios, en general. (Hay excepciones: caso de fuerzas Conservativas).

Los sistemas NO contienen trabajo. El trabajo NO es magnitud de estado. Diremos que es magnitud de transformación (o de línea).

Sus variaciones infinitésimas se indican con la letra griega delta (δ). Otros autores usan $\lambda\!\!\!^{-}$, d*, etc. ¡otros no se toman el trabajo de distinguirla!

Ejemplos de magnitudes de estado (o potenciales)

La energía interna, la cinética, las potenciales elásticas, eléctrica, gravitatorias, la presión, el volumen, la temperatura (en estados de equilibrio), la entropía, la entalpía, etc.

Ejemplos de magnitudes de transformación

El trabajo, el calor.

1.1.14. Concepto de Calor

Debemos ahora precisar el concepto de energía calórica o térmica. Las experiencias muestran que es posible cambiar la energía interna U de un sistema aún si no se efectúa trabajo exterior $(\delta W_{ext} = 0)$. Al tipo de energía intercambiada por el sistema y su medio exterior, capáz de cambiar la energía interna sin que se efectúe trabajo exterior, le denominamos **calor**.

El calor es energía fluyendo del sistema al ambiente o viceversa, No es energía contenida. No debe confundirse con la energía interna (confusión muy común en ambientes no académicos).

Una cantidad infinitésima de calor será indicada por δ Q y una cantidad finita , por Q.

Como el trabajo, el calor es magnitud de transformación, no es magnitud de estado (por ello el uso de δ). No se debe escribir

$$Q_{1\to 2} = Q(2) - Q(1)$$

1.1.15. Concepto de equilibrio térmico. Temperatura y Principio Cero de la termodinámica.

Un sistema está en equilibrio termodinámico si, supuesto aislado o libre de toda interacción con el medio exterior, el estado del sistema no varía en el tiempo.

El equilibrio termodinámico es el "mas exigente" de todos los equilibrios: exige el equilibrio mecánico (uniformidad de presiones en fluídos y tensiones en sólidos), equilibrio químico (composición química invariable o ausencia de reacciones quimicas) y equilibrio térmico (uniformidad de temperaturas o ausencia de flujos de energía calórica).

Veamos este último equilibrio, supuesto que se están cumpliendo los dos primeros. Sean 2 (o mas) cuerpos (A y B) aislados del resto (fig.1-8). Inicialmente, en general, intercambiarán energía calórica hasta lograr el equilibrio térmico. Logrado este equilibrio, el flujo de calor de A hacia B es de igual valor absoluto que el flujo de B hacia A, es decir, el flujo neto es nulo. O sea, definimos el equilibrio térmico entre A y B (o mas cuerpos) por el intercambio neto nulo de calor, supuesto que entre ellos no hay impedimento para tal flujo.

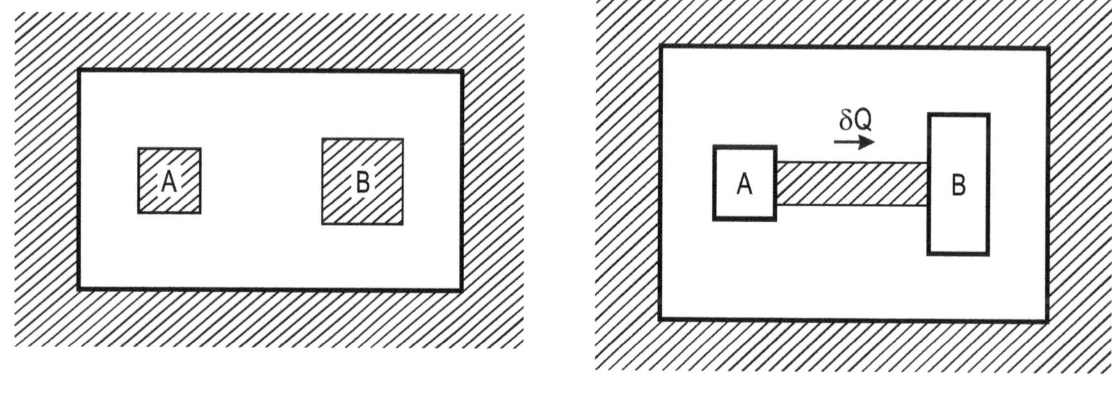

Figura 1-8

Figura 1-9

De paso, diremos que el flujo de calor se puede establecer a través de un intermediario material: un conductor térmico, como los metales (fig.1-9). Decimos que se tiene flujo por Conducción. También hay flujo sin necesidad de un intermediario material, en el vacío, como sugiere la fig.1-8, es el flujo por Radiación (energía electromagnética). Cuando el intermediario es un fluído en movimiento, se tiene la Convección (ver punto 1.26. y siguientes).

Los intermediarios no pertenecen al sistema, constituyen parte del medio exterior. Esto es así, para no caer en la contradicción de considerar al calor como energía contenida por los sistemas.

La experiencia muestra que existe una magnitud intensiva de estado, que necesariamente adquiere igual valor en los cuerpos o sistemas en equilibrio térmico: es la temperatura (T). La definición general y precisa de temperatura, ahora, puede resultar muy abstracta para el alumno. Conviene postergarla hasta mas avanzado esté el curso. Ahora solo hablaremos de su medición y las dificultades que pueden surgir a su medición, además de las escalas de mayor uso.

1.1.16. Principio "Cero" de la Termodinámica

Afirma que "si un sistema A está en equilibrio térmico con otro B y éste con un tercero C, entonces A está en equilibrio térmico con C". Parece obvio (como el transitivo de las matemáticas), pero en realidad debe tomarse como un resultado empírico de la física. Podría no ser correcto, como en el caso del conocimiento de personas: A conoce a B y B conoce a C, no necesariamente A conoce a C.

El sistema C (o cualquiera) puede ser un termómetro, es decir, un dispositivo para medir la temperatura. En el equilibrio se cumple $T_A = T_B = T_C$.

Cuando hay desequilibrio térmico (diferencias de temperaturas), sin intervención del medio exterior; el calor fluye del sistema de mayor temperatura hacia el de menor temperatura. En la fig.1-9 suponemos que inicialmente A tiene mayor temperatura que B, entonces el calor fluye en el sentido que indica la flecha, hasta que las temperaturas se igualen.

1.1.17. Termómetros

La temperatura se mide con instrumentos que en general se denominan termómetros. Los Pirómetros no son otra cosa que termómetros especiales para medir temperaturas altas (como las que se tienen en la combustión, en hornos).

En general, la temperatura se mide en función de la variación de alguna otra magnitud (X) afectada por ella, por ejemplo: en el conocido termómetro para ambientes, fiebre, de uso en química, etc., la temperatura se mide por la longitud que adquiere una columna capilar de algún líquido (p. ej. mercurio, alcohol), fig.1-10.

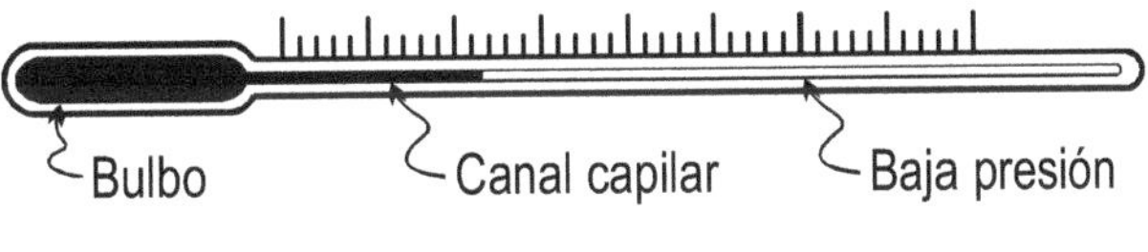

Figura 1-10

(El termómetro clínico, para medir la temperatura humana, es un termómetro de máxima, con Hg. Posee un estrangulamiento del canal capilar a la salida del bulbo, de modo que al sacar el termómetro del contacto con el cuerpo, se corta la columna quedando atascada y así se puede leer cómodamente).

También se tienen termómetros basados en:

- la variación de la resistencia eléctrica R con la temperatura (resistores comunes, termistores).
- la variación de la diferencia de potencial en un Par de metales soldados (fig.1-11), denominado termopar o termocupla (p. ej. A=platino; B=platino-rodio).
- Deformación de 2 láminas de metales A y B de distintos coeficientes de dilatación, unidas (bi-metálico) fig.1-12.
- el brillo o intensidad luminosa emitida por cuerpos incandescentes (mas adelante veremos en detalle la radiación del calor)→Pirómetros ópticos.

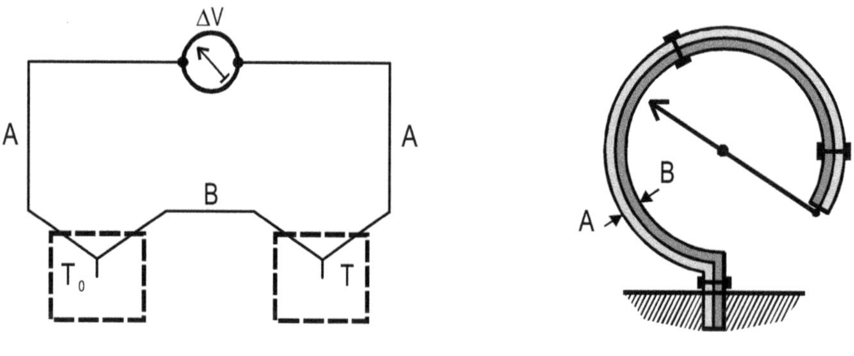

Figura 1-11

Figura 1-12

- variación de la presión (o volumen) de un gas encerrado en un dispositivo de vidrio que luego estudiaremos en el tema Gases Ideales.

Cada tipo es útil dentro de ciertos intervalos de valores de la temperatura.

En general, la función *X=f(T)* dista de ser una función lineal, es más, en alguno casos No es Biunívoca (o biyectiva): ¿qué pasaría si el líquido usado en el termómetro de la fig.1-10 fuese agua?. El agua, a 4°C pasa por un máximo de su densidad, esto implica que si la temperatura (medida con un "buen" termómetro) viene descendiendo: 7→6→5→4°C, la columna se contrae, bién, pero al seguir descendiendo 4→3→2→1; la columna se dilata, sube.

En la fig.1-13 vemos la gráfica de lo que ocurre. Si no hemos seguido al proceso, una simple mirada al termómetro con agua no permite decidir si la lectura para cierta longitud l de la columna corresponde, por ej. a 5°C ó a 3°C. De modo que el agua, al menos en el entorno de 4°C es un "mal" líquido para termómetros.

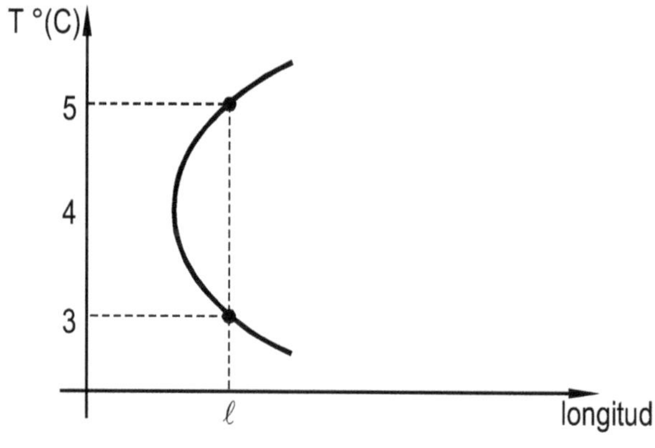

Figura 1-13

La falta de linealidad de las funciones X=f(T) genera un problema en la "calibración ó graduación" de termómetros. Aún en el conocimiento de 2 marcas, por ejemplo T=0°C para el hielo en fusión a presión atm. normal y T=100°C para la ebullición del agua a presión atm. normal, la interpolación lineal (y extrapolación) conduce a errores más o menos graves. En un termómetro con mercurio (útil entre ~30°C bajo cero y ~350°C sobre cero), el error no es tan grave... de todos modos existe.

¿Qué tipo de termómetros conduce a un error mínimo?. Tomando las precauciones debidas, es el termómetro con gas, a baja presión. Teóricamente el gas debería tener un comportamiento ideal (estudiaremos luego los "gases ideales").

Adoptaremos en este curso una "posición cómoda": supondremos que poseemos termómetros "muy buenos", bien calibrados.

1.1.18. Escalas termométricas.

En el Sistema Internacional debe utilizarse la escala Kelvin (K). Se toma la temperatura del agua en equilibrio con las tres fases (sólida-líquida-vapor), llamado punto triple, de valor T_T=273,16°K, (ver tema 1.18.1.).

Escala Celsius (°C) (mal llamada centígrada):

- 0°C corresponde al equilibrio bi-fásico hielo-agua líq.
- 100°C corresponde al equilibrio bi-fásico agua líq.-vapor.

Ambas situaciones a presión atmosférica normal.

Para el punto triple o equilibrio tri-fásico del agua corresponde 0,01°C ("casi" cero °C).

Las divisiones grado a grado de ambas escalas son de igual longitud, es decir, solo difieren en el cero de la escala, de tal modo que: T(°K) = T(°C)+273,15. Así resulta que las Variaciones de temperatura son iguales valores en ambas escalas: ΔT(°K) = ΔT(°C).

Es costumbre designar con t minúscula a la temperatura cuando se expresa en °C (creo que esto es inútil).

La escala inglesa Farenheit no la utilizaremos aquí (en el práctico se darán algunos ejemplos).

Algunos puntos de referencia

Los de ebullición y fusión son a presión atmosférica normal. Los puntos triples son a las presiones correspondientes a estos equilibrios trifásicos (distintas para distintas sustancias).

	°K	°C
-fusión del hielo de agua	273,15	0
-punto triple del agua	273,16	0,01
-ebullición del agua	373,15	100
-punto triple del hidrógeno H_2	13,81	-259,34
-punto de ebullición del H_2	20,28	-252,87
-punto de ebullición del Helio He	4,15	-269
-punto triple del He	2,172	-270,9
-fusión de la Plata	1235,08	1508,23
-fusión del oro	1337,58	1610,73
-ebullición del mercurio (Hg)	630,16	357
-fusión del Hg	234,26	-38,9

Vemos que las temperatura más baja corresponde al Helio. Se puede conseguir temperaturas aún más bajas con otros procedimientos. Pero la experiencia muestra que el cero absoluto es inalcanzable, esto se conoce como "*tercer principio de la termodinámica*". No será tratado en este libro.

1.2. Primer Principio de la Termodinámica (para sistemas cerrados)

En este curso trataremos sólo con sistemas cerrados, es decir, que no intercambian materia con el medio ambiente.

El 1er Principio no es otro que de Conservación de la energía en todas sus formas, incluyendo al calor.

También hemos dicho que el trabajo exterior y el calor son responsables de la variación de la energía interna de un sistema, de modo que cuando un sistema pasa de un estado a otro muy cercano ("transformación infinitésima"), podemos en general establecer la siguiente igualdad:

$$dU \overset{=}{\triangledown} \delta W_{ext} + \delta Q$$

o bién para una transformación finita:

$$\Delta U \overset{=}{\triangledown} W_{ext} + Q$$

donde Q es la cantidad de calor neta intercambiada entre el sistema y el exterior.

Es común explicitar o discriminar en W_{ext} el trabajo de exp-comp. de los otros tipos:

$$dU = -p_{ext} dV_{sist} + \delta W_{ext}{}^* + \delta Q$$

o también transponiendo términos

$$\delta Q = dU + pdV - \delta W_{ext}{}^*$$

(a menos que sea necesario ya no pondremos los subíndices ext y sist. en p y dV).

Casos particulares

Es frecuente en las máquinas térmicas (motores, compresores, refrigeradores) que

$$\delta W_{ext}{}^* = 0$$

en este caso queda:

$$\delta Q = dU + pdV$$

1.3. Transformación Adiabática

Hay casos en el que el sistema está encerrado por una envoltura o recipiente cuyas paredes impiden el flujo de calor en cualquier sentido. Esto se logra de diversos modos: con materiales malos conductores del calor (aislantes térmicos): amianto, "lana" de vidrio, "telgopor" o bién utilizando un "termo", académicamente conocido como "vaso Dewar", fig.1-14. Es de doble pared, vacío entre ellas y espejadas. El vacío impide la conducción y el espejado la radiación. Es quizás el más efectivo recipiente adiabático.

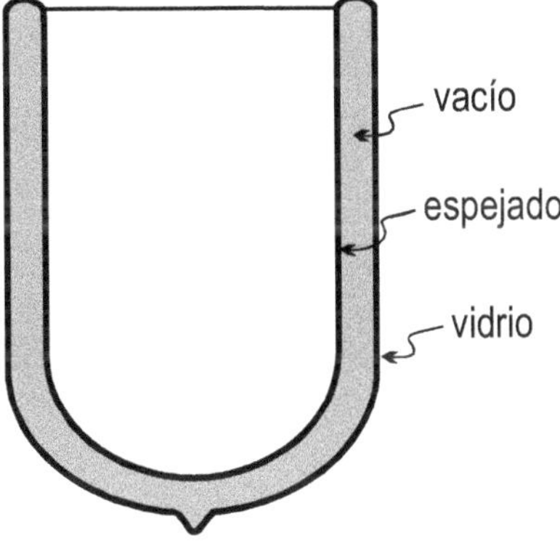

Figura 1-14

En estos casos es $\delta Q \approx 0$, de modo que el 1er Principio queda

$$dU = \delta W_{ext} = -pdV + \delta W^*$$

Si no existe δW^*

$$dU = -pdV$$

Si el sistema se expande (dV>0), dU es negativo, es decir, disminuye la energía interna, por el contrario si se comprime (dV<0).

Hay que tener cuidado: hay casos en que "en una transformación finita" es Q=0 porque se compensan flujos entrantes con salientes del sistema, no porque sea adiabática.

Es frecuente que las expansiones y compresiones sean tan rápidas que no hay tiempo para que fluya una cantidad apreciable de calor, a pesar de que las paredes sean conductoras (p. ej. de metal), en este caso la transformación es considerada aproximadamente adiabática (aunque irreversible). Ocurre en primera aproximación en los motores a pistón.

Otro caso particular (por ejemplo en una transformación isotérmica de gas ideal, que luego se estudiará), puede ocurrir que ΔU=0, es decir, la energía interna no varía, en este caso:

$$\delta Q = pdV - \delta W^*$$

o si además

$$\delta W^* = 0$$

$$\delta Q = pdV$$

de este modo el calor se transforma totalmente en trabajo, o viceversa (el sistema no "retiene" la energía que entra y sale)

1.4. Transformaciones Cíclicas

Si un sistema se encuentra en un estado (1) cualquiera y luego de pasar por otros estados, retorna al estado (1), diremos que el sistema realizó una transformación cíclica, o simplemente un ciclo.

Como la energía interna U es magnitud de estado, la variación de esta energía para todo el ciclo es nula

$$\Delta U = U(1) - U(1) = 0 .$$

Como el trabajo no es magnitud de estado, si el sistema se apartó del estado (1) por un "camino" y regresó por otro, el trabajo total no tiene porque ser nulo y por ende, según el 1er P. tampoco el calor total intercambiado, resultando

$$Q = -W_{ext}$$

Si la cantidad de calor que ingresa al sistema supera a la que egresa de él, es $Q>0$, luego $W_{ext}<0$, se interpreta que, completado el ciclo, el sistema realizó trabajo sobre el medio exterior (el sistema se comporta como Motor).

Por el contrario, si el calor que egresa supera al valor del que ingresa, es $Q<0$, luego $W_{ext}>0$ y es el medio exterior que efectuó un trabajo sobre el sistema (ocurre en las máquinas frigoríficas). Volveremos sobre estas importantes cuestiones cuando estudiemos los ciclos con más detalles.

1.5. Imposibilidad del "móvil perpetuo de 1^{era} especie".

Se comprende que si se cumple el 1er P. no puede un sistema funcionar cíclicamente, en forma "perpetua", realizando (o recibiendo) trabajo exterior sin intercambiar calor, en efecto, al efectuar ciclos es $\Delta U=0$, si además suponemos $Q=0$, necesariamente es $W_{ext}=0$. Se dice que el 1er P. (conservación de la energía) "prohíbe" la existencia de un móvil perpetuo de 1^{era} especie.

Un sistema puede ser móvil perpetuo sino realiza trabajo (p. ej. el sistema planetario, aunque sea aproximadamente, puede ser considerado móvil perpetuo, en la medida que no realiza trabajo sobre el medio exterior).

También podemos decir que para ser móvil perpetuo, todas las fuerzas deben ser Conservativas.

Veremos luego (2do Principio) que la producción cíclica de trabajo a partir del calor es mas exigente que lo establecido por el 1er Principio.

1.6. Calorimetría. Capacidad Calorífica y Calor Específico.

La calorimetría es la parte de la termodinámica donde se estudian los métodos para medir las cantidades de calor intercambiadas.

1.6.1. Ecuación calorimétrica, sin cambios de fases.

En general, aunque no necesariamente, cuando un sistema de masa m intercambia calor δQ, experimenta un cambio de temperatura dT.

Para una cierta transformación infinitésima, podemos decir que el sistema exhibe una Capacidad Calorífica (C mayúscula), dada po el cociente:

$$C \triangleq \frac{dQ}{dT}$$

y exhibe un "Calor Específico (*c* minúscula)

$$c \triangleq \frac{C}{m} = \frac{\delta Q}{mdT}$$

No se tenga el prejuicio de pensar que estos cocientes son constantes. Por eso preferimos llamarlos **coeficientes** y no constantes, en efecto: la experiencia muestra que no sólo son función de las sustancias que constituyen al sistema, sino también del tipo de transformación que se experimenta. Según el tipo de transformación, c puede ser nulo, infinito, negativo, etc.

Para dar un valor numérico a *c* hay que especificar perfectamente en que condiciones se lo ha medido.

Para resaltar aún más esta cuestión, escribamos δQ en base al 1er P.:

$$c = \frac{dU + pdV - \delta W^*}{mdT} = \frac{dU}{mdT} + \frac{pdV}{mdT} - \frac{\delta W^*}{mdT}$$

de modo que puede ocurrir que $\delta W^* = 0$, luego

$$c = \frac{dU}{mdT} + \frac{pdV}{mdT}$$

Si además, durante la transformación no varía el volumen (dV=0) (transformación isovolúmica o isócora) es

$$c_V = \frac{dU}{mdT}$$

A este coeficiente le denominamos "calor específico isócoro o isovolúmico". Como U puede ser función de otras magnitudes, usando el concepto de derivadas parciales, se suele escribir:

$$c_V = \left.\frac{\partial U}{m\partial T}\right]_{V=cte}$$

(se aclara al pie que magnitud se mantiene constante al derivar U, o cualquier otra magnitud).

Otro coeficiente de uso frecuente es el calor específico isobárico, es decir, a presión constante $\left(c_p\right)$. Si *p=cte* se puede igualar: $pdV = d\left(pV\right)$, luego

$$c_p = \frac{dU}{mdT} + \frac{d\left(pV\right)}{mdT} = \frac{d\left(U+pV\right)}{mdT}$$

Adelantamos la definición de otra magnitud extensiva y de estado: la entalpía $H \triangleq U + pV$, luego en base a esta magnitud podemos escribir

$$c_p = \frac{dH}{mdT} = \left.\frac{\partial H}{m\partial T}\right]_{p=cte}$$

La antigua unidad Caloría

Como no se sabía que el calor era una forma de la energía se inventó una unidad especial para él: la caloría (cal). *¿Cómo se definió?*. Como "la cantidad de calor que hay que entregar a 1 gramo de Agua para elevar la temperatura de 14,5°C a 15,5°C" $\left(\Delta T = 1^{o}C = 1^{o}K\right)$. Todo a presión constante e igual a la atmosférica normal.

Es claro que esta definición implica que al utilizar la unidad "caloría", el calor específico del agua en el entorno de 15°C es unitario, en efecto:

$$c_p = \frac{\delta Q}{mdT} \approx \frac{Q}{m\Delta T} = \frac{1cal}{1gr1^{o}C} = \frac{1cal}{1gr1^{o}K}$$

Hoy sabemos que la caloría es una unidad de energía, de modo que debe tener equivalencia con otras unidades de energía, para el S.I., el Joule, resulta:

$$1cal \equiv 4{,}186J$$

o bién

$$1Kcal = 4186J$$

De modo que en el S.I. es:

$$c_{P(H_2O)} = 4186\frac{J}{Kg^{o}K} \quad \left(para\ T = 15^{o}C = 288{,}15^{o}K\right).$$

¿Porqué se especifica "de 14,5°C a 15,5°C"?. Estos valores son convencionales, pero de todos modos hay que especificarlos porque, como hemos dicho, c varía, en este caso, con la temperatura. En la fig.1-15 tenemos la gráfica que indica $c_p = f\left(T^{o}C\right)$ para el agua, a $p = 760mmHg$. Vemos que en T=65°C vuelve a pasar por $1\frac{cal}{gr^{o}C}$. Cuando se produce el cambio de fase de líquido a hielo o a vapor, el calor específico cambia bruscamente, por ejemplo, cuando el agua se congenla, se tiene

$$c_{phielo} \approx 0,5 \frac{cal}{gr^{o}C}$$

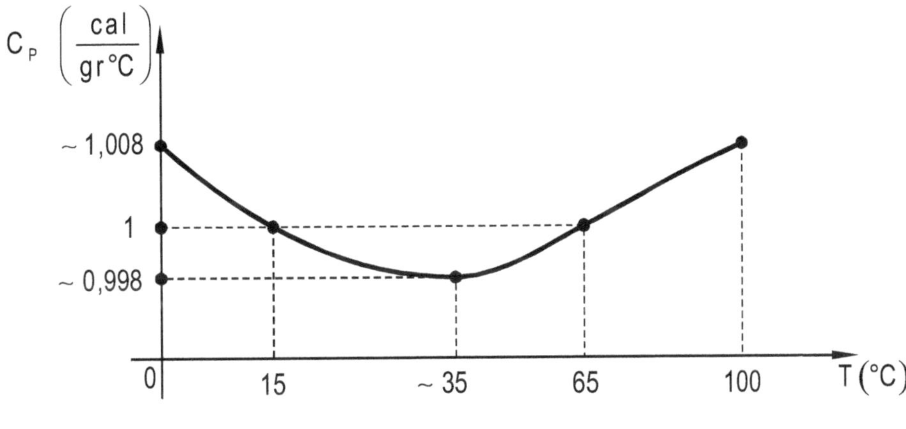

Figura 1-15

Vemos que para el agua líquida a $p = 760 mmHg$, no se comete gran error en tomar como valor medio

$$c_p = 1 \frac{cal}{gr^{o}C}$$

Damos algunos valores de c_p, alrededor de la temperatura ambiente $(\sim 18^{o}C)$:

Aluminio	$0,215 \left(\frac{cal}{gr^{o}C}\right)$
Carbono	$0,121 \left(\frac{cal}{gr^{o}C}\right)$
Cobre	$0,0923 \left(\frac{cal}{gr^{o}C}\right)$
Plomo	$0,0305 \left(\frac{cal}{gr^{o}C}\right)$
Plata	$0,0564 \left(\frac{cal}{gr^{o}C}\right)$
Wolframio	$0,0321 \left(\frac{cal}{gr^{o}C}\right)$

El agua es una sustancia que tiene un valor del calor específico bastante mas alto que la mayoría de las otras sustancias, salvo unas pocas: en iguales condiciones de presión $(p = 1 A.normal)$ y temperatura $(T \approx 15^{o}C)$ es:

$$c_p = 3,4 \frac{cal}{gr^{o}C} \qquad \text{hidrógeno.}$$

$$c_p = 13,24 \frac{cal}{gr^o C}$$ Anhidrido Sulfuroso.

El alto calor específico del agua explica su capacidad refrigerante: intercambia calor sin grandes cambios de temperatura en relación a las otras sustancias, aparte de ser abundante.

El hidrógeno también se utiliza como refrigerante, por ej. en los alternadores de las centrales eléctricas, pero su uso requiere hermeticidad, pues en presencia de oxígeno puede estallar.

A volumen constante, para el hidrógeno se tiene $c_V = 2,42 \frac{cal}{gr^o C}$ y para el anhidrido sulfuroso $c_V = 0,151 \frac{cal}{gr^o C}$ ¡muy diferente a c_p!. ¿Porqué estas diferencias entre c_p y c_V?. Porque cuando se entrega cierta cantidad δQ de calor a presión cte., el volúmen del sistema varía y éste realiza trabajo sobre el exterior, es decir, no todo δQ entregado es utilizado en aumentar la energía interna y por ende la temperatura (la parte del calor entregado que "vuelve" al exterior como trabajo no contribuye al aumento de la temperatura). En cambio, cuando el mismo δQ se entrega al sistema no permitiendo que el volumen varíe (dV=0), no se realiza trabajo y todo ese calor queda como energía interna y así el aumento de temperatura es mayor. Como dT figura en el denominador de la definición de c es claro que $c_p > c_V$. Esto quedará matemáticamente demostrado en los gases ideales, pero en todo los casos se utiliza la expresión:

$$c_p = \frac{dU}{mdT} + \frac{pdV}{mdT} \qquad (\delta W^* = 0)$$

1.6.2. Capacidad Calorífica Molar (C_M).

El producto del calor específico c por el mol de la sustancia (M) da la denominada "capacidad calorífica molar":

$$C_M = Mc$$

por ejemplo, para el H_2O, M=18gr., luego

$$C_{Mp} = Mc_p = 18gr \cdot 1 \frac{cal}{gr^o C} \qquad C_{Mp} = 18 \frac{cal}{^o C}$$

para el H_2, M=2gr, luego

$$C_{Mp} = 6,8 \frac{cal}{^o C} \qquad C_{MV} = 4,84 \frac{cal}{^o C}$$

De paso, digamos que el cociente

$$\frac{C_{Mp}}{C_{MV}} = \frac{c_p}{c_V} = \gamma$$

se denomina "exponente adiabático". Para el hidrógeno: $\dfrac{6,8}{4,84} \cong 1,40$.

¿Qué significado tiene la capacidad calorífica molar?

Como toda capacidad calorífica $\left(C \triangleq \dfrac{\delta Q}{dT} \right)$ significa el valor de la cantidad de calor δQ para producir una variación de la temperatura unitaria a cierta masa. En el caso molar, a un mol.

Ley empírica de Dulong y Petit (1819): descubrieron que la capacidad calorífica molar de los sólidos a temperatura ambiente o superior son de valores similares, aproximadamente $\left(6 \dfrac{cal}{Mol^{o}\,C} \right)$.

Pero hay excepciones: el carbono (diamante), $\approx 1,5 \dfrac{cal}{Mol^{o}\,C}$.

Para T→0°K (cero absoluto), los calores molares tienden a cero (fig.1-16), en forma contínua si no se producen cambios de fases.

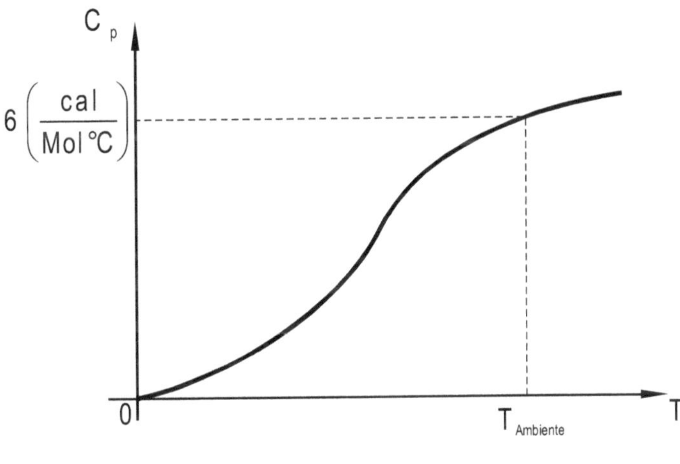

Figura 1-16

1.6.3. Calores Latentes o de Transformación de Fases.

La experiencia muestra que, a presión constante, si se aumenta la temperatura de un sólido cristalino (p. ej. un metal), a cierta temperatura, llamada de fusión (T_f), fig.1-17, el sólido se licúa, se funde. De seguir agregando calor el sólido fundirá totalmente, pero mientras se encuentren presentes las 2 fases, sólido-líquido, la temperatura se mantiene constante, a pesar del agregado de calor ("calor latente"). Se supone que el proceso se hace lentamente, reversible, "casi" en equilibrio.

Una vez que toda la sustancia está líquida, el agregado de calor aumentará nuevamente la temperatura, hasta que se llega a la temperatura de ebullición o vaporización (t_e), dónde comenzará el líquido a transformarse en vapor (o gas).

Otra vez la temperatura se estabiliza mientras coexistan las 2 fases líquido-vapor. El agregado de calor suficiente vaporizará toda la masa. Si la masa de vapor esta encerrada ("bajo control"), se podrá experimentar con ella a presión constante o a volumen cte. El agregado de calor aumentará nuevamente la temperatura.

La fig.1-17 esta pensada para sustancias que en la presión considerada pasan de fase en fase en la secuencia sólido→líquido→vapor (a presión atmosférica esta secuencia es muy común).

Pero ha ciertas presiones (bajas) es posible el paso de sólido a vapor sin pasar por líquido (es la volatilización). La volatilización es posible de observar en el CO_2 sólido ("hielo seco"), pues ocurre a presión normal.

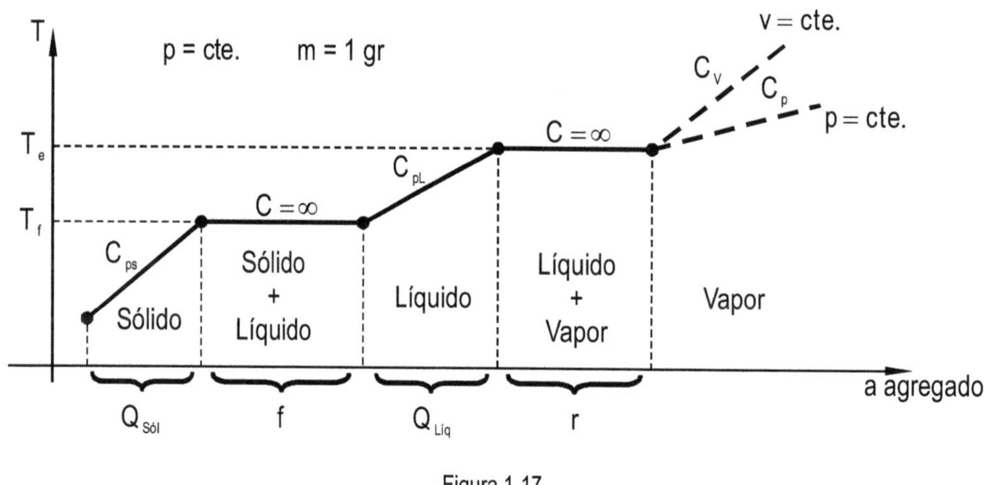

Figura 1-17

La fig.1-18 corresponde a la volatilización

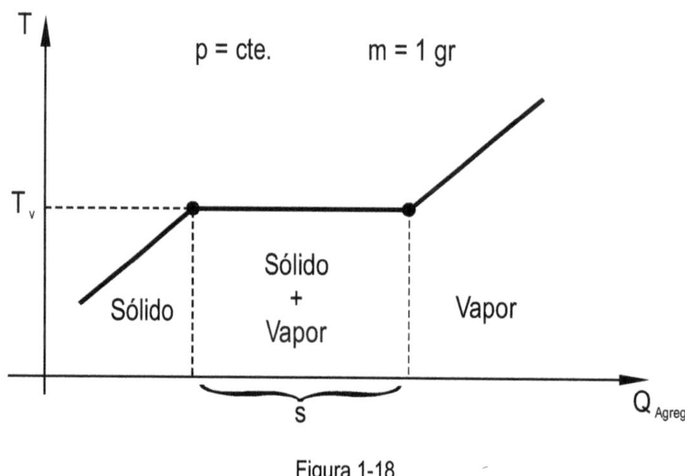

Figura 1-18

Para una masa unitaria (1 gr. ó 1 kg) a la cantidad de calor agregada para fundir totalmente, a temperatura cte. de fusión, se le denomina "calor latente de fusión"

$$f\left(\frac{\text{cal}}{\text{gr}} \text{ ó } \frac{\text{Kcal}}{\text{kg}}\right)$$

Idem para la vaporización y la volatilización (r y s respectivamente).

Resaltemos el hecho de que cuando se entregan los calores latentes, al no variar la temperatura (dT=0), el calor específico $c = \frac{\delta Q}{mdT}$ se hace infinito. Los calores específicos son las co-pendientes de las figs.1-17 y 1-18. De modo que no es posible utilizar la expresión $\delta Q = cmdT$ para los cambios de fases. Si se poseen tablas para los valores de f, r y s, el cálculo de Q se hace, para una masa m, así

$$Q_{Fusion} = m\mathrm{f}, \qquad Q_{Vapor} = mr, \qquad Q_{Volat.} = ms$$

Denominamos Q de sólido al calor agregado en estado sólido, si se toma un calor específico medio $c_{p\ sol}$ se tiene

$$Q_{sol} = c_{p\ sol} m\left(T_{fus.} - T_{inicial}\right)$$

lo mismo para el líquido

$$Q_{liq} = c_{p\ liq} m\left(T_{eb.} - T_f\right)$$

¡Cuidado!, los calores específicos cambian bruscamente al producirse el cambio de fase, en general es $c_{p\ liq} > c_{p\ sol}$ (recordar que para el agua es

$$c_{p\ sol} \approx 0,5\frac{cal}{gr^{o}C} \qquad \text{y} \qquad c_{p\ liq} \approx 1\frac{cal}{gr^{o}C}.$$

Los problemas de calorimetría en general no son dificultosos, pero pueden serlo en el caso de que no se sepa si una cierta cantidad de calor producirá o no cambios de fases, o si los produce, si es total o no (ver ejercicios 2-6, 2-7 de págs. 49-50 del libro de Greco: Calor y Principios de la Termodinámica).

En el práctico se haran estos problemas.

¿Con qué se miden las cantidades de calor?. Con los calorímetros. Son aparatos compuestos de varios elementos, según el uso a que esté destinado. Aquí describiremos un calorímetro "básico", llamado (algo extrañamente) calorímetro de las "mezclas".

1.6.4. Calorímetro de las mezclas (fig.1-19).

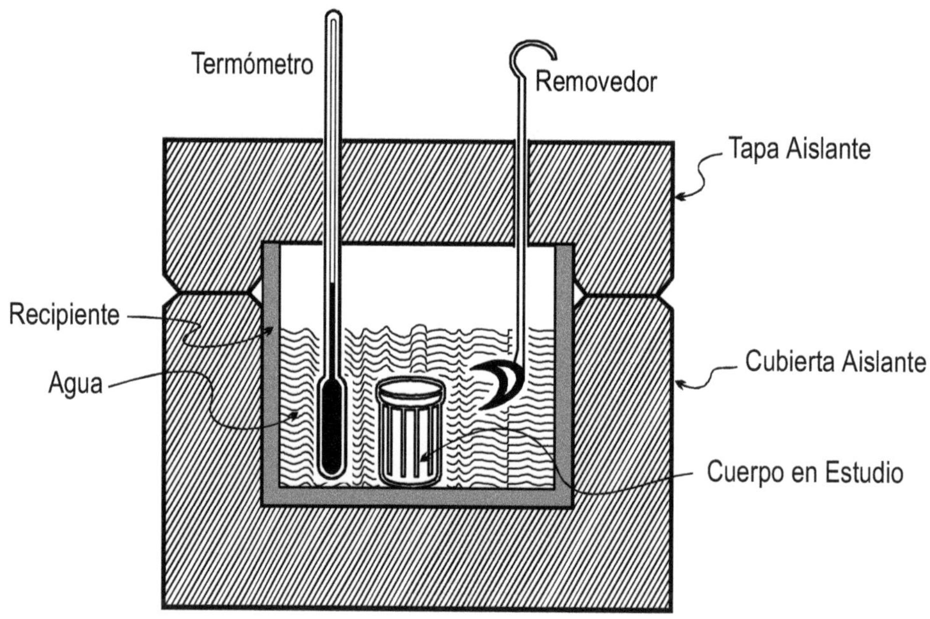

Figura 1-19

Sean:

m_A, c_A	masa y c. esp. del agua
m_R, c_R	masa y c. esp. del recipiente
m_{RE}, c_{RE}	masa y c. esp. del removedor
m_V, c_V	masa y c. esp. del vidrio del t.
m_{Hg}, c_{Hg}	masa y c. esp. del mercurio del t.
m_c, c_c	masa y c. esp. del cuerpo.

T_i = temperatura inicial del cuerpo antes de ser introducido o mejor, inmediatamente a ser introducido en el calorímetro.

T_{iCal} = temperatura inicial del calorímetro (uniforme para todo él)

T_F = temperatura final del calorímetro y del cuerpo (equilibrio térmico).

Nota: La masa del aire atrapado es despreciable y la cubierta se supone no participa en la absorción de calor.

Supongamos que en principio queremos medir la cantidad de calor que entrega un cuerpo al ser introducido en el calorímetro (claro está, en el caso que $T_i > T_{iCal}$). En valor absoluto tenemos, cuando se logra el equilibrio térmico:

$$c_c \cdot m_c \left|(T_F - T_i)\right| = m_A \cdot c_A (T_F - T_{iCal}) + m_R \cdot c_R (T_F - T_{iCal})$$
$$+ m_{RE} \cdot c_{RE} (T_F - T_{iCal}) + m_V \cdot c_V (T_F - T_{iCal}) + m_{Hg} \cdot c_{Hg} (T_F - T_{iCal})$$

(El renovedor asegura la uniformidad de la temperatura). Si se desprecia las pérdidas de calor a través de la cubierta y tapa, alcanzada la T_F ésta permanecería constante (caso ideal).

Como es muy incómodo trabajar con tantos términos se hace lo siguiente: sacamos $c_A(T_F - T_{iCal})$ factor común:

$$\left|c_c \cdot m_c\left(T_F - T_i\right)\right| = c_A \cdot \left(T_F - T_{iCal}\right)\left(m_A + \frac{c_R}{c_A} \cdot m_R + \frac{c_{RE}}{c_A} \cdot m_{RE} + \frac{c_V}{c_A} \cdot m_V + \ldots\right)$$

(aunque $c_A \approx 1\frac{cal}{gr^o C}$, conviene escribirlo porque tiene unidades y así los cocientes $\frac{c_R}{c_A}$, ... son adimensionales).

Se denomina "equivalente en agua del calorímetro m_E" a una masa hipotética de agua que absorbe la misma cantidad de calor que todo aquello que no es de agua en él:

$$m_E = \frac{c_R}{c_A} \cdot m_R + \frac{c_{RE}}{c_A} \cdot m_{RE} + \frac{c_V}{c_A} \cdot m_V + \frac{c_{Hg}}{c_A} m_{Hg}$$

y así

$$\left|c_c \cdot m_c\left(T_F - T_i\right)\right| = c_A\left(m_A + m_E\right)\left(T_F - T_{iCal}\right)$$

expresión más cómoda de utilizar, pues m_E, para un dado calorímetro es un valor definido, que se puede rotular. Si no lo conocemos ¿cómo determinarlo?. Tenemos dos modos:

1) pacientemente pesamos los elementos, R, RE, V, Hg (los estimamos, no siempre se los toma completo, pues, por ej. el vidrio del termómetro, como mal conductor, puede que no participe toda la masa en la absorción de calor), luego averiguamos los calores específicos c_R, c_{RE}, c_V, c_{Hg}, y calculamos m_E.

2) Un método práctico y rápido (es el que aconsejo), resulta de usar como cuerpo una masa conocida de agua, y en cambio el calorímetro sin agua inicialmente, de modo que, al ser m_A=0 resulta:

   $$c_A \cdot m_{cA}\left|\left(T_F - T_i\right)\right| = c_A m_E\left(T_F - T_{iCal}\right) \text{ y}$$

   despejamos

   $$m_E = \frac{m_{cA}\left|\left(T_F - T_i\right)\right|}{\left(T_F - T_{iCal}\right)}.$$

Estos calorímetros pueden adaptarse, por ej. Calorímetro de Berthelot para calores latentes, "Bomba" de Mahler, para poder calorífico de combustibles, etc.

1.7. Gases Ideales o Perfectos.

Cuando una sustancia (o mezcla de varias) está en fase gaseosa, en equilibrio químico, el comportamiento termodinámico se hace relativamente más simple. Si despreciamos la variación de presión por la gravedad, un sistema gaseoso es siempre homogéneo.

La experiencia muestra que cuánto más baja es la presión del gas, más sencillas se tornan las relaciones entre las magnitudes que definen su estado.

Un gas ideal es una abstracción, implica un comportamiento que sólo se daría exactamente para el caso límite de presión absoluta "casi" cero $(p \to 0)$. Sin embargo, el comportamiento de muchos gases reales como H_2, O_2, N_2, aire seco (sin vapores), a presiones cercanas a la normal, es aproximadamente como el que se exige para un gas ideal.

Podemos establecer axiomáticamente que un gas ideal es aquél que cumple las relaciones de Gay Lussac y Boyle entre las magnitudes de estado presión, volúmen y temperatura, para todo valor de ellas. Esta última exigencia es la que en realidad no se cumple.

Cuando un gas está por condensar en líquido o sólido (sublimación), su comportamiento dista mucho de ser ideal.

El gas ideal es el sistema termodinámico más simple: el estado de una dada masa de gas queda definido dando solo dos magnitudes

$$(p,V) \quad ó \quad (p,T) \quad ó \quad (V,T).$$

1.7.1. Relación entre V y T a p=cte. (Gay Lussac)

Supongamos que cierta masa m de gas es experimentada con un dispositivo que permita medir su temperatura, volúmen y mantener la presión constante en cierto valor elegido. Este dispositivo puede ser como el esquematizado en la fig.1-20. Para distintos valores de T, cuidamos que el desnivel de mercurio (h) se mantenga y suponemos que la presión atmosférica no varía durante la experiencia (si varía se puede corregir con el desnivel).

De comportarse el gas como ideal, tendría que resultar la gráfica V=f(T), lineal. como en la fig.1-21.

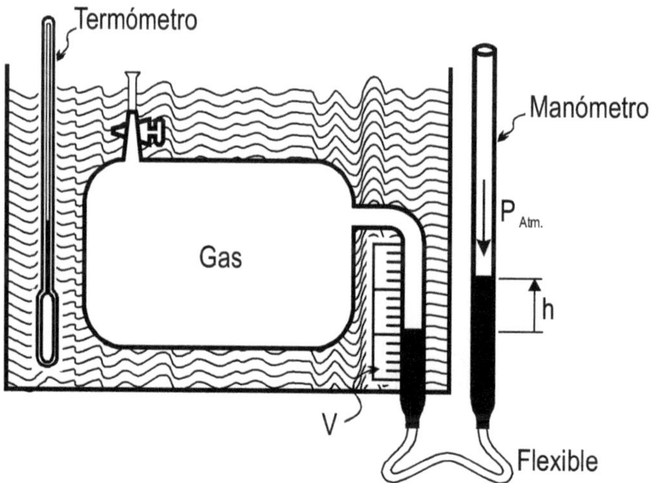

Figura 1-20

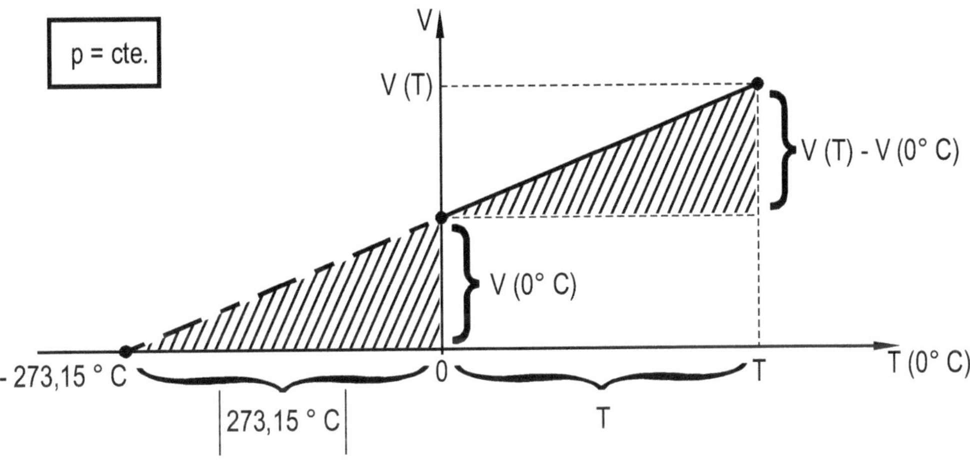

Figura 1-21

V(0°C) es el volúmen del gas cuando T=0°C (hielo en fusión). Si extrapolamos linealmente la grafica debería cortar al eje T en –273,15°C (cero "absoluto" ó 0°K).

Comparando los 2 triángulos semejantes sombreados, se tiene:

$$\frac{V(T)-V(0^{\circ}C)}{T}=\frac{V(0^{\circ}C)}{|273,15^{\circ}C|}$$

de modo que la ecuación de la recta es:

$$V(T)=\left(\frac{V(0^{\circ}C)}{|273,15^{\circ}C|}\right)T+V(0^{\circ}C)$$

Llamando

$$\alpha_o=\frac{1}{273,15^{\circ}C}\cong 0,00366^{\circ}C^{-1}$$

resulta:

$$V=V_o\cdot\alpha T+V_o$$

Es común hacer $V(0^{\circ}C)=V_0$ (¡cuidado!, el alumno debe evitar de llamar volumen inicial a V_o).

Despejando α_o podemos interpretar su significado:

$$\alpha_o=\frac{V(T)-V(0^{\circ}C)}{V(0^{\circ}C)T}$$

veamos así que da la variación de volúmen $V(T)-V(0°C)$ en relación a $V(0°C)$ y la temperatura T: se puede llamar "coeficiente de dilatación volumétrico". Para un gas ideal vemos que es una cte. (independiente de T y P).

Si por ejemplo tenemos V_o=1m^3 a T=0°C, cuando la temperatura aumente a T=1°C (a p=cte), el volúmen del gas será V(1°C)=1m^3+0,000366m^3, es decir; habrá experimentado una variación de 0,00366m^3=3,66 litros.

Se puede definir un "coeficiente de dilatación volumétrico" para cualquier T así:

$$\alpha \triangleq \frac{1}{V}\cdot\left(\frac{\partial V}{\partial T}\right)_{p=cte}$$

Para gases reales este coeficiente depende de T y P, es decir, aún para p=cte la gráfica de V=f(T) no es lineal (recta).

Corriendo el origen de temperaturas al punto –273,15°C (fig.1-22) tenemos un eje T en grados Kelvin (°K). La ecuacón de la recta es ahora:

$$V(T_{°K}) = \alpha V(273{,}15° K)T\,.$$

¿Qué ocurre si se experimenta nuevamente, pero con una presión distinta, por ejemplo $p_2>p_1$?. Es claro que a una dada T el volúmen será menor (fig.1-23), la recta tendrá menor pendiente, pero seguirá pasando por el origen.

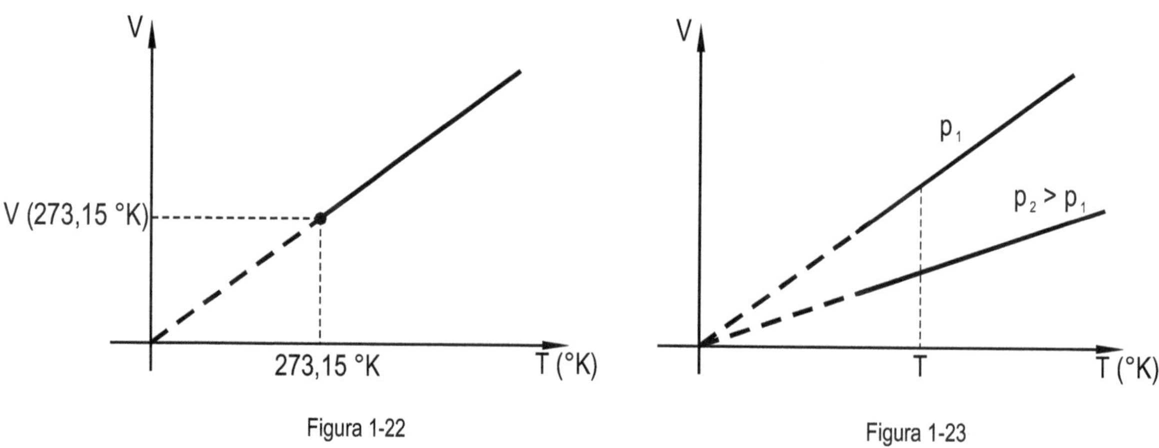

Figura 1-22

Figura 1-23

Deduzca el alumno que ocurre si se cambia la masa de gas experimentada.

1.7.2. Relación entre P y T a V=cte. (Gay Lussac)

Cambiando V por T, lo dicho anteriormente sigue valiendo. El dispositivo de la fig.1-20 también sigue siendo útil, pero ahora debemos dejar el nivel de Hg. de la columna izquierda en alguna marca fija (v=cte), por ende al cambiar T cambiará el desnivel h. Ocurre exactamente lo dicho anteriormente, la recta p=f(T) corta al eje T en -273,15°C. Las funciones lineales son:

$$p(T°C) = p(0°C)(1+\beta_o T)$$

$$p(T^\circ K) = p(273{,}15^\circ K)\cdot\beta_o T \qquad \text{con } \beta_o = \alpha_o.$$

El significado de β_o es

$$\beta_o = \frac{p(T) - p_o}{p_o \cdot T}$$

es un coeficiente de presión: si p_o a T=0°C es p_o=1Atm, a T=1°C será p(1°C)=1Atm+0,00366Atm, es decir, la varación de presión es $\Delta p = 0{,}00366 Atm$ (volúmen = constante).

También se puede definir un coeficiente de presión para cualquier T y V:

$$\beta \triangleq \frac{1}{P}\cdot\left(\frac{\partial p}{\partial T}\right)_{V=cte}$$

En la fig.1-24 se indica lo que ocurre con distintos volúmenes de experimentación.

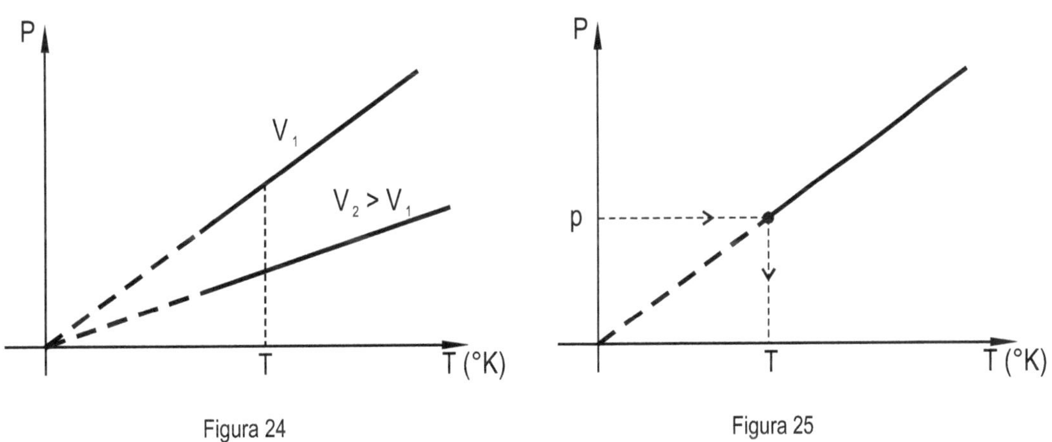

Figura 24 Figura 25

Termómetro de Gas

El dispositivo de la fig.1-20 puede ser ahora utilizado a la inversa: conocidas las ecs. anteriores y α_o, β_o se pueden entrar con V ó P (fig.1-25) y hallar T, es decir, puede actuar como termómetro.

Si el gas se comporta como ideal, el termómetro indica "la temperatura termodinámica". La escala es lineal, las divisiones estan espaciadas uniformemente.

En la práctica hay que efectuar correcciones por deformaciones del recipiente, cambios de densidad del mercurio, etc.

1.7.3. Relación entre P y V a T=cte. (Boyle y Mariotte).

Queda por experimentar manteniendo la temperatura T constante y variar la presión p. La experiencia muestra que el volúmen V varía en proporción inversa a la presión, con tal que T=cte.

Es decir, a presión p_1 se tendrá un volúmen de equilibrio V_1 y a presión p_2 un volúmen V_2, tal que

$$\frac{p_1}{p_2} = \frac{V_2}{V_1}$$

o bién

$$p_1V_1 = p_2V_2 = cte \qquad \text{(si T=cte).}$$

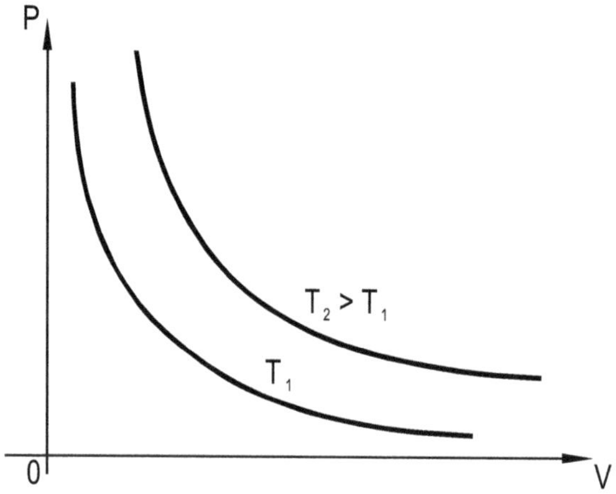

Figura 26

Esta relación es llamada de Boyle y Mariotte. La representación gráfica de

$$p = \frac{cte}{V}$$

para una dada T, es una hipérbola equilátera (fig.1-26). Si se repite la experiencia a mayor T, la hipérbola está mas lejos de los ejes (V,p). Es claro que

$$\lim_{V\to\infty} p = 0 \qquad \lim_{V\to 0} p = \infty .$$

Como al comprimir, el medio exterior realiza trabajo sobre el gas, la energía interna tiende a aumentar y por ende la temperatura. Como queremos que T=cte., el trabajo deberá "volver" al medio exterior en forma de calor. De modo que para lograr la experiencia de B. y M. las paredes del recipiente deben ser Conductoras, para permitir este intercambio de calor (lo inverso ocurre en la expansión).

El recipiente además, debe estar en contacto con un ambiente de gran capacidad calorífica (por ej. gran cantidad de agua) para que el intercambio de calor no altere sensiblemente T (de lo contrario tendremos que tener algún control sobre T). Cada lectura de p y V debe realizarse cuando se ha logrado el equilibrio mecánico y térmico.

Tenemos en resúmen:

$$G.L\begin{cases} p = cte \to V\left(T_{°K}\right) \overset{\nabla}{=} \alpha V\left(273{,}15° K\right)T \\ V = cte \to p\left(T_{°K}\right) \underset{\nabla}{=} \beta p\left(273{,}15° K\right)T \end{cases}$$

$$B.y\ M.\{T = cte \rightarrow pV \overline{\nabla}\ p_1V_1 = cte$$

$$\alpha = \beta = \frac{1}{273{,}15^{\circ} K} \approx 0{,}00366^{\circ} K^{-1}$$

1.7.4. Combinación de G.L. y B.yM.: relación de Charles.

Sea O el estado de equilibrio de cierta masa m de un cierto gas (p.ej. H_2, O_2), con temperatura T_o=273,15°K=0°C. La presión es p_o y el volúmen es V_o. (uno de estos valores puede ser elegido, pero NO ambos).

Hagamos dos transformaciones, para combinar ambas relaciones, de B.yM. y de G.L.

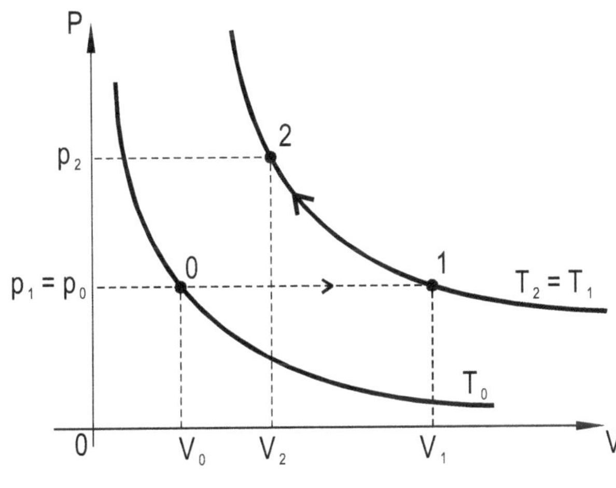

Figura 27

Transf. Isobárica

$p_1 = p_o$ vale G.L.: $V_1 = \alpha V_o T_1 = \dfrac{V_o T_1}{T_o}$

pues $\alpha = \dfrac{1}{T_0} = \dfrac{1}{273{,}15\ K}$

Transf. Isotérmica

$T_2 = T_1$ vale B.yM. $p_2V_2 = p_1V_1$

reemplazando V_1 por $\dfrac{V_o T_1}{T_o}$ y $p_1 = p_o$ resulta

$$p_2V_2 = p_o \cdot \frac{V_o T_1}{T_o}$$

y como $T_1 = T_2$

$$\frac{p_2V_2}{T_2}=\frac{p_oV_o}{T_o}$$ **(relación de Charles)**

El valor de $\frac{p_oV_o}{T_o}=\alpha p_oV_o$ depende de la masa del gas y del tipo de gas. Para independizarnos de la masa podemos dividir m.a.m. por m

$$\frac{p_2V_2}{T_2m}=\frac{p_oV_o}{T_om}$$

se denomina "volúmen específico", es decir, inversa de densidad δ a $v\triangleq\frac{V}{M}\left(\frac{m^3}{Kg}\right)$, de modo que en términos de volúmen específico se tiene

$$\frac{p_2v_2}{T_2}=\frac{p_ov_o}{T_o}=R_G$$

R_G es una constante propia de cada tipo de gas. Se denomina "constante particular" del Gas $\left(en\frac{Joul}{Kg\cdot{}^oK}\right)$. Por ejemplo para el N_2 es

$$R_{N_2}=297\frac{Joul}{Kg\cdot{}^oK}$$

Como el estado 2 puede ser cualquiera, de coordenadas p,V,T, podemos escribir:

$$\frac{pV}{T}\triangleq R_G$$

Esta es una relación que puede ser considerada como una "ecuación particular de estado". Al existir esta ecuación (ó mejor: función) comprendemos que de las tres magnitudes de estado p,V,T, sólo son independientes dos.

Dicho de otro modo, el estado de un cierto gas queda determinado dando sólo dos magnitudes de estado.

Sin embargo, debido a ciertos resultados encontrados por Avogadro, es posible encontrar una ecuación general (o universal) de estado de los gases ideales.

Para aclarar este punto, recordemos la definición de MOL.

Para medir las masas de las moléculas (y átomos), se utiliza la unidad de masa atómica "U.M.A.": "es la 1/12 parte de la masa del isótopo 12 del carbono $\left({}^{12}_{6}C\right)$", así con esta unidad, se tiene, aproximadamente:

masa molecular .... $H_2 \cong 2\ UMA$

masa molecular .... $O_2 \cong 32\ UMA$

masa molecular .... $H_2O \cong 18\ UMA$

masa átomo .... $Cu \cong 64\ UMA$, etc.

En algunas sustancias la molécula es monoatómica.

Se denomina MOL, de cierta sustancia, a una cantidad de masa, en gramos, igual numéricamente a la masa de la molécula en U.M.A. Por ejemplo:

1 MOL de .... $H_2 \cong 2\ gr$

1 MOL de .... $O_2 \cong 32\ gr$

1 MOL de .... $H_2O \cong 18\ gr$

1 MOL de .... $Cu \cong 64\ gr$, etc.

El KiloMOL (Kmol) son estas cifras, pero en Kg.

$1\text{KMol} = 10^3\text{MOL}$

Avogadro encontró que "el número de moléculas contenidas en un MOL de cualquier sustancia en cualquier Fase (sólida, líquida o gaseosa) es el mismo".

Este número, llamado hoy número de Avogadro, es

$$N_A \cong 6{,}022 \times 10^{23}$$

1.7.5. Volúmenes Molares (V_M) de Gases Ideales

Se ha encontrado que las fases gaseosas de los moles de todas las sustancias, a igual temperatura y presión, tienen volúmenes parecidos. Se acepta como aproximación que para gases ideales estos volúmenes molares son iguales, comparados a igual p y T.

Si

p_o=1Atm.normal=$1013{,}25 \times 10^2$Pa y T_o=0°C=273,15°K

el volúmen molar de todos los gases ideales es

$$V_M \cong 22{,}4lts = 22{,}4 \times 10^{-3} m^3$$

¡Cuidado!, a esta presión y temperatura muchas sustancias no son gaseosas, por lo tanto no tienen, ni cerca, este volúmen. Por ejemplo el agua tiene 18cm^3, a $4°C$ y presión normal.

1.7.6. Ecuación General (o universal) de Estado de los Gases Ideales (E.G.E.G.I.)

En base al hecho experimental de la igualdad de los volúmenes molares de los gases ideales, podemos encontrar una "ecuación general de estado de gases ideales", en lugar de la particular: ¡muy fácil!, repetimos lo que hemos hecho para hallar la relación de Charles, pero ahora tomando como estado O al estado de **n** moles de cierto gas, a presión y temperaturas "normales":

p_o=1013,25x10^2 N/m^2 T_o=273,15°K V_o=**n.**22,4x10^{-3}m^3

por lo tanto, en este caso es:

$$\frac{p_o V_o}{T_o} = \frac{1013,25 \times 10^2 \cdot n \cdot 22,4 \times 10^{-3}}{273,15} \left(\frac{Joul}{{}^oK} \right) \cong n \cdot 8,315 \frac{Joul}{{}^oK}$$

Como **n** se nombra como "n° de moles", es decir, no como un n° adimensional, *R* debe tener las siguientes unidades

$$8,315 \frac{Joul}{Mol^o K} = R$$

Este valor se denomina Constante Universal de los G.I. Lo de "universal" es porque R es la misma para cualquier gas ideal.

$$R = 8,315 \frac{Joul}{Mol^o K} = 8315 \frac{Joul}{KMol^o K} \cong 2 \frac{cal}{Mol^o K}.$$

Con esta constante podemos escribir

$$\frac{pV}{T} = \frac{p_o V_o}{T_o} = nR$$

o bién

$$pV = nRT \quad \text{(E.G.E.G.I.)}$$

Esta ecuación puede ser escrita de otros modos: para una masa m (en gramos) de un gas de mol M, se tiene que el número n de moles es $n = \frac{m}{M}$, luego

$$pV = \frac{m}{M} RT$$

Se denomina "constante particular" del gas a $R_G = \frac{R}{M}$, así

$$pV = mR_G T$$

Otro modo resulta al utilizar el volúmen específico $v = \frac{V}{m} = \frac{1}{\delta}$

$$pv = \frac{p}{\delta} = R_G T$$

Vemos así que la densidad del gas es función de p y T

$$\delta = \frac{p}{R_G T}$$

Es evidente que aceptada la E.G.E.G.I., se reencuentran las relaciones de G.L., B-yM., Charles y Avogadro.

si

V=cte $\quad p = \left(\frac{mR}{V}\right) T = cte.T \quad$ (G. L.)

si

p=cte $\quad V = \left(\frac{mR}{p}\right) T = cte.T \quad$ (G. L.)

si

T=cte $\quad pV = mRT = cte \quad$ (B. y M.)

$$\frac{pV}{T} = nR = cte\,.$$

Representación gráfica de la función $p = nR\left(\frac{T}{V}\right)$

En una terna de ejes (V,T,p), fig.1-28, constituye una superficie (como toda función contínua z = f(x,y). Podemos denominarla "superficie de equilibrio termodinámico" para el gas ideal. Cuando cierta masa de gas ideal está en equilibrio, su estado necesariamente está representado por un punto de la superficie de coordenadas (V_M, T_M, p_M), como el M.

Puntos que no pertenecen a esta superficie no son estados de equilibrio.

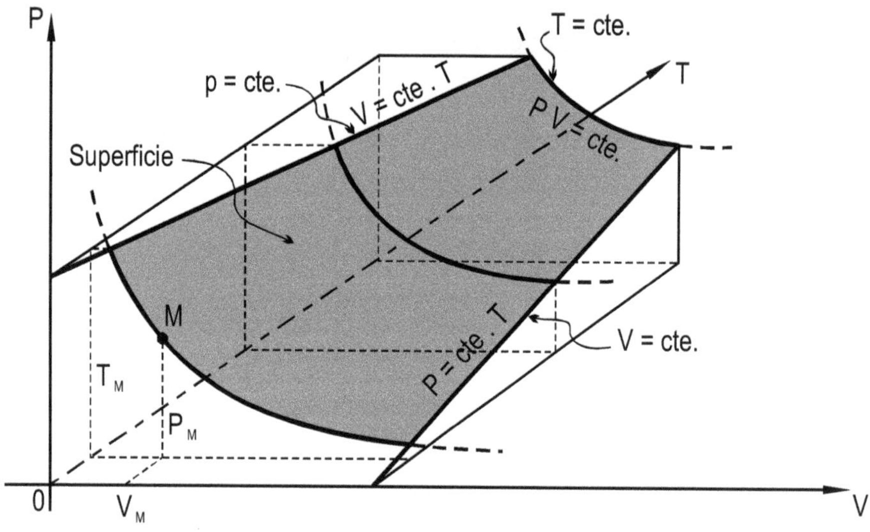

Figura 1-28

1.7.7. La Energía Interna U de un Gas Ideal.

Hemos dicho que dando solo 2 de las 3 mag. (V,T,p), el estado del gas ideal queda definido, por lo tanto también deben quedar definidos los valores de cualquier otra magnitud de estado. Interesa ahora la energía interna U. Esto significa que en principio U puede ser función de (p,T) ó (V,T) ó (p,V).

Sin embargo la experiencia muestra que la energía interna U de un gas ideal sólo varía si varía la temperatura. Dicho de otro modo: si el cambio de presión o volúmen no cambia la temperatura, entonces U no cambia. Matemáticamente dicho es

$$\left(\frac{\partial U}{\partial p}\right)_{T=cte} = \left(\frac{\partial U}{\partial V}\right)_{T=cte} \triangledown 0$$

La experiencia que mostró esto es atribuida a Prescott Joule: es conocida como "expansión de Joule". Los 2 tanques de paredes conductoras y rígidas (por ej. de cobre) están conectadas por un grifo (fig.1-29). Uno de ellos tiene inicialmente gas a presión elevada (para tener una masa de gas importante), el otro está evacuado (muy baja presión). Al abrir el grifo, el gas invade rápidamente, irreversiblemente, al otro tanque y luego de varias oscilaciones de la presión, ésta alcanza su valor de equilibrio en ambos tanques. El calorímetro que encierra al dispositivo mostró que no hubo intercambio neto de calor $(Q = 0)$ a pesar de ser las paredes conductoras. Como tampoco se realizó trabajo exterior sobre el gas ($\delta W_{ext} = 0$), el 1er. Principio asegura que tampoco pudo variar la energía interna U:

$$\Delta U = 0$$

Como ha variado la presión y el volumen (el primero se redujo a la mitad y el último se duplicó), debemos concluir que U no es función de p y V cuando T = cte. Esta experiencia no fue del todo convincente, especialmente porque es poco sensible por la gran capacidad calorífica del calorímetro y de los tanques, frente a los del sistema gas.

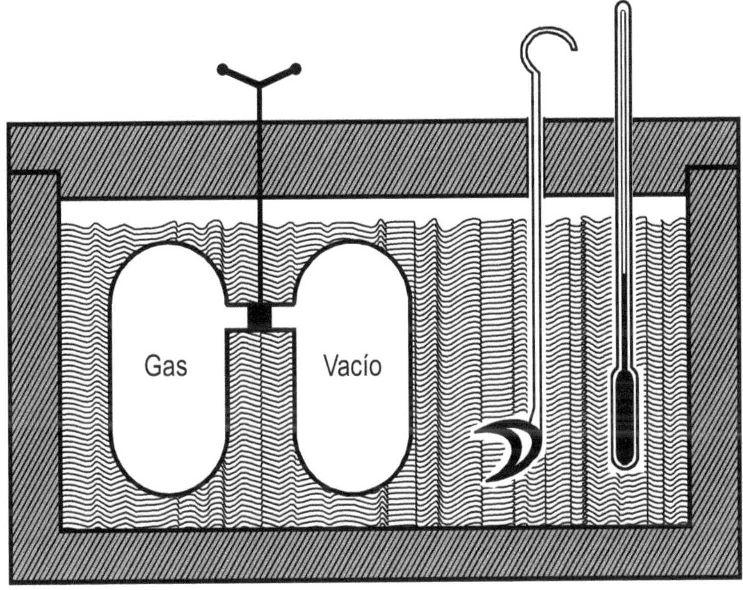

Figura 1-29

Podemos afirmar que para un **gas ideal**, una transformación **isotérmica es también Isoenergética** (U = cte.)

1.8. Calores específicos a volumen cte. (C_v) y a presión cte. (C_p). Ec. de Mayer para gas ideal.

Vimos que en general es

$$c = \frac{\delta Q}{mdT} = \frac{dU}{mdT} + \frac{pdV}{mdT} \qquad (\delta W^* = 0)$$

Pensemos en 2 transformaciones (fig.1-30): una *Isócora* 1→ 2 y otra *Isobárica* 1→ 3, tal que

$$T_2 = T_3 = T + dT$$

Para la isócora es, según el 1er. Principio

$$\delta Q_{1\text{-}2} = dU_{1\text{-}2} = m\, c_v\, dT \qquad \text{pues} \qquad \delta W_{ext\,1\to 2} = 0$$

Para la isobárica es

$$\delta Q_{1\text{-}3} = dU_{1\text{-}3} + p\, dV = m\, c_p\, dT$$

pero para un gas ideal es $dU_{1\text{-}2} = dU_{1\text{-}3} = m\, c_v\, dT$, ya que el cambio de temperatura en ambos casos ha sido igual, por lo tanto: $m\, c_p\, dT = m\, c_v\, dT + p\, dV$ ó bien

$$c_p = c_v + \frac{pdV}{mdT} \qquad (1)$$

Podemos evaluar este último sumando con la E.G.E.G.I.: $pV = \frac{m}{M} RT$, como p = cte.:

$$\frac{d}{dT}(pV) = p\frac{dV}{dT} = \frac{m}{M}R$$

reemplazando en (1)

$c_p = c_v + \frac{R}{M}$	**relación de Mayer para Gas Ideal**

para los **calores específicos molares:**

$$C_p = C_v + R$$

Estas relaciones no se cumplen para gases reales y menos para sustancias condensadas.

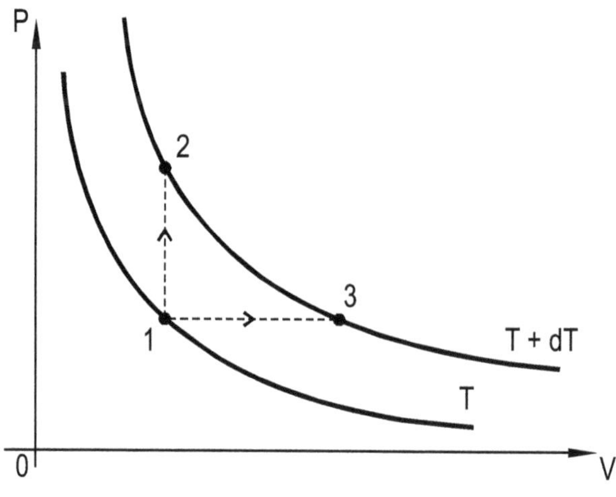

Figura 1-30

1.9. Transformaciones politrópicas

Denominamos transf. Politrópica (muchas – formas) a cualquier transformación durante la cual no varía el calor específico *c*, cualquiera sea su valor. Pretendemos encontrar la relación matemática entre p y V.

Partimos del 1er. Principio

$$\delta Q = c\,m\,dT = c_v m\,dT + p\,dV$$

$$(c - c_v)\,m\,dT - pdV = 0 \qquad (2)$$

Tratemos de eliminar dT utilizando la E.G.E.G.I., como en general p y V varían, es

$$d(pV) = pdV + Vdp = \frac{m}{M}RdT$$

luego:

$$mdT = \frac{M}{R}\left(pdV + Vdp\right)$$

reemplazando en (2):

$$\left(c - c_v\right).\frac{M}{R}\left(pdV + Vdp\right) - pdV = 0$$

multiplicando m.a.m. por $\frac{R}{M}$ y sacando $p\ dV$ factor común:

$$\left(c - c_v - \frac{R}{M}\right)pdV + \left(c - c_v\right)Vdp = 0$$

por la relación de Mayer es

$$-c_v - \frac{R}{M} = -c_p$$

luego

$$\left(c - c_p\right)pdV + \left(c - c_v\right)Vdp = 0$$

dividiendo m.a.m. por $(c - c_v)\ p\ V$:

$$\frac{\left(c - c_p\right)}{c - c_v}.\frac{dV}{V} + \frac{dp}{p} = 0$$

integrando sin límites, m.a.m. y teniendo en cuenta que c es una constante:

$$\left(\frac{c - c_p}{c - c_v}\right)\ln V + \ln p = \text{ cte. de integración}$$

Llamando con

$n \triangleq \frac{c - c_p}{c - c_v}$	**(exponente politrópico)**

se tiene $n \ln V + \ln p = \ln V^n + \ln p = \ln (V^n.p) = cte.$, luego se concluye que:

$$V^n.p = cte.$$

De modo que si (1) y (2) son estados de equilibrio del gas, unidos por una transformación tal que haya sido C = cte. es

$$V_1^n p_1 = V_2^n p_2$$

1.10. Transformación adiabática. Ec. de Poisson

Supongamos que el gas es comprimido o expandido dentro de un cilindro con paredes aislantes, de modo que δQ = 0. En este caso el trabajo exterior variará la energía interna y por ende variará la temperatura: en la compresión aumentará la temperatura e inversamente en la expansión.

El calor específico $C = \dfrac{\delta Q}{mdT}$ resulta nulo, pues $\delta Q = 0$, $dT \neq 0$, por lo tanto el exponente politrópico

$n = \dfrac{C_p}{C_v} = \gamma$	se denomina **exponente adiabático**

Como $C_p > C_v$ es γ ⊠⊠ (por ej. para gases monoatómicos (H_e, N_e, A_r,...) $\gamma \approx 1,66$, biatómicos (H_2, O_2, N_2...) $\gamma \approx 1,4$, etc.

La ecuación que vincula p con V, denominada de Poisson es

$$V^{\gamma}.p = cte.$$

En la fig.1-31 se tiene graficada una expansión adiabática 1 → 2 y una comprensión 1 → 3. Son curvas de mayor pendiente que las isotermas.

Vemos como en la expansión el gas se enfría y se calienta en la comprensión, sin intercambio de calor.

Demuestre con análisis que $p = \dfrac{cte.}{V^{\gamma}}$ son curvas de mayor pendiente (en valor absoluto) que $p = \dfrac{cte.}{V}$

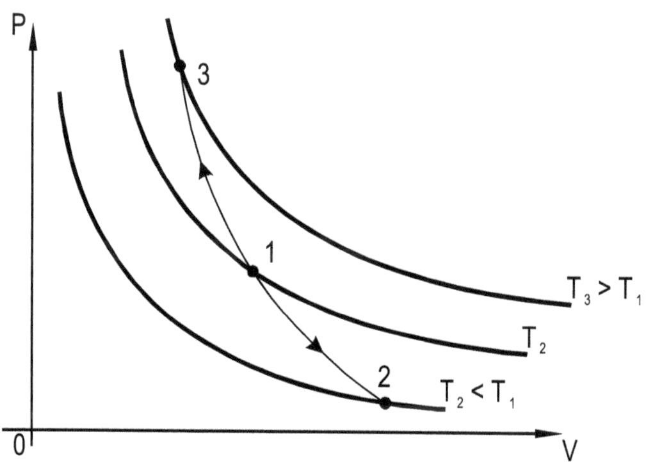

Figura 1-31

Físicamente se entiende que en la expansión la temperatura baja pues al ser δQ = 0, el trabajo exterior negativo, resulta la variación de energía interna negativa: $\Delta U = -\left|p_{ext} dV_{sist}\right|$, es decir, el sistema trabaja sobre el medio exterior con su propia energía interna.

Es interesante demostrar que $V^n p$ = cte. contiene a los casos de p = cte., V = cte., T = cte.

Isoterma: al ser $\delta Q \neq 0$, dT = 0, el calor específico $C = \dfrac{\delta Q}{mdT}$ se hace infinito, luego

$n = \dfrac{\infty - C_p}{\infty - C_v} = 1$, así pV = cte. (B. y M.).

Isobárica: p = cte., luego **n = 0**, así $V^0 p$ = cte. ($V^0 = 1$).

Isócora: V = cte., $Vp^{1/n} = cte^{1/n}$ = cte., **n = ∞,** así Vp^0 = cte.

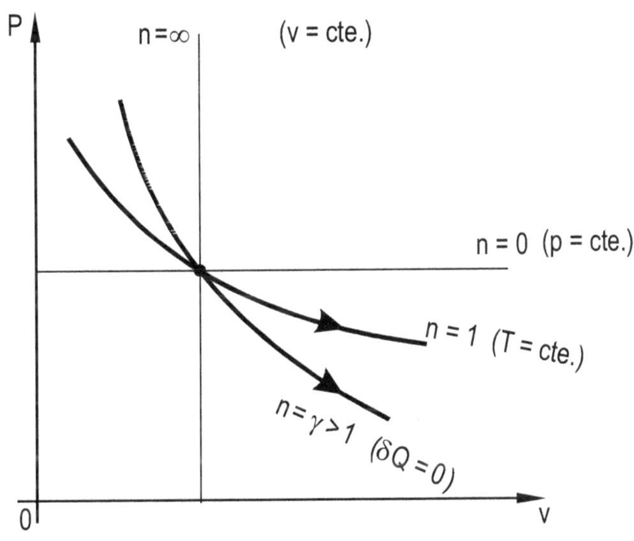

Figura 1-32

Es posible demostrar que la zona rayada entre n = 1, n = γ, es decir, entre una isotérmica y una adiab. corresponde a C negativo. ¿Cómo puede ser, físicamente, que C sea negativo?:

Es posible cuando en la expansión se produce más trabajo que el calor que ingresa, es decir, al sistema no ingresa la cantidad suficiente de calor para que T = cte., por lo tanto la temperatura baja, así es $\delta Q > 0$ (ingresa al sistema) y $dT < 0$, luego $C = \dfrac{\delta Q}{mdT} < 0$. En este caso se puede escribir:

$$n = \frac{-|C| - C_p}{-|C| - C_v} = \frac{|C| + C_p}{|C| + C_v}$$

resultando

$$1 < n < \gamma = \frac{C_p}{C_v}$$

1.11. Trabajo de exp.-comp. en las distintas transf. revers. de Gas Ideal

Calcularemos para 2 estados de equilibrio 1-2, la integral

$$-W_{ext 1\to 2} = W_{sist.1\to 2} = \int_{v1}^{v2} pdV$$

en distintas transformaciones reversibles.

1.11.1. Transf. isobárica. (p = cte.), fig.1-33

Es la más simple, pues al ser p = cte.:

$$W_{s1\to 2} = p_1 (V_2 - V_1)$$

es el área de la fig.1-33(a). Si es expansión

$V_2 > V_1$

y así

$W_{sist} > 0$, $W_{ext} < 0$

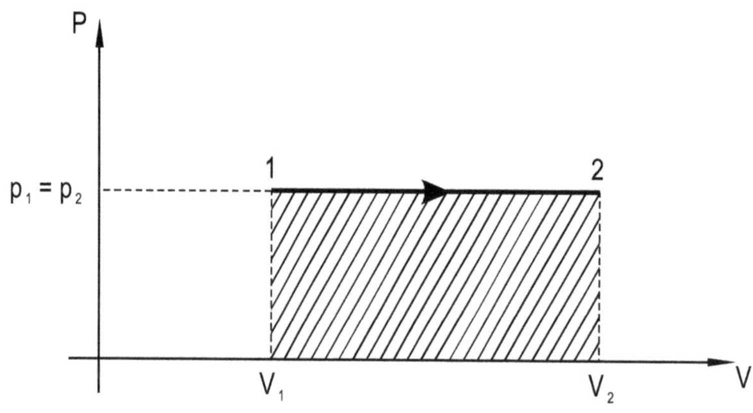

Figura 1-33

1.11.2. Transf. isotérmica: T = cte. (fig.1-34)

Para poner p en función de V podemos usar B. y M. o la E.G.E.G.I. con B. y M.:

$$pV = p_1 V_1, \quad p = \frac{p_1 V_1}{V}$$

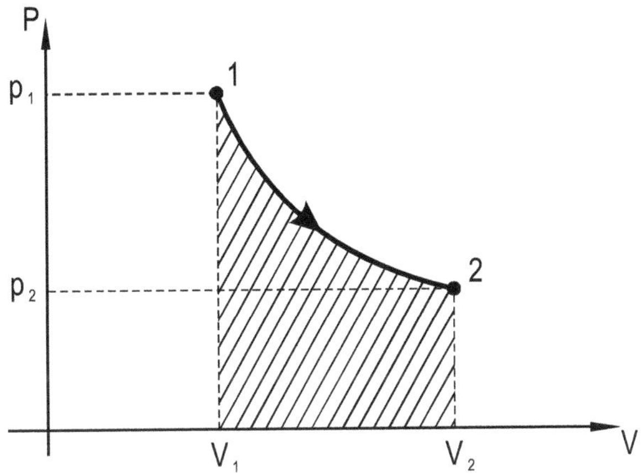

Figura 1-34

$$W_{S1\to 2} = p_1V_1 \int_{V_1}^{V_2} \frac{dV}{V} = p_1V_1 \ln\left(\frac{V_2}{V_1}\right)$$

$$W_{S1\to 2} = p_1V_1 \ln\left(\frac{p_1}{p_2}\right)$$

con la E.G.E.G.I.

$$W_{S1\to 2} = nRT_1 \ln\left(\frac{V_2}{V_1}\right) = nRT_1 \ln\left(\frac{p_1}{p_2}\right)$$

1.11.3. Transf. politrópica y adiabática

de $V^n p = V_1^n p_1$, tenemos

$$p = V_1^n p_1 . V^{-n}$$

luego

$$W_{sist1\to 2} = V_1^n p_1 \int_{V_1}^{V_2} V^{-n} dV = V_1^n p_1 \left[\frac{V^{-n+1}}{-n+1}\right]_{V_1}^{V_2}$$

$$W_{S1\to 2} = \frac{V_1^n p_1}{(1-n)}\left[V_2^{1-n} - V_1^{1-n}\right]$$

para la adiab.

$$n = \gamma = \frac{C_p}{C_v}: \quad W_{S1\to 2} = \frac{V_1^\gamma p_1}{1-\gamma}\left[V_2^{1\ \gamma} - V_1^{1\ \gamma}\right]$$

$(1-\gamma)$ es negativo pues $\gamma > 1$.

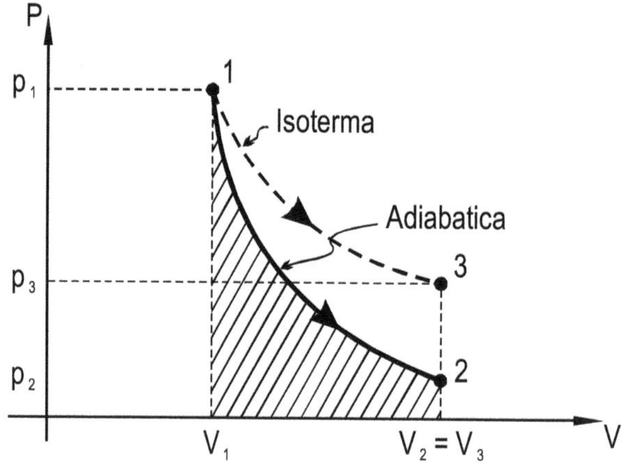

Figura 1-35

En la fig.1-35 se observa que para igualdad de volúmenes inicial y final (cosa frecuente en las máquinas de pistón), el trabajo de exp. adiabático es menor que el isotérmico

La diferencia $W_{sist.\ isot} - W_{sist.\ ad}$ = área (1-3-2-1)

1.12. Ciclos reversibles de Gas Ideal

Ya hemos dicho que si un sistema pasa por un estado de equilibrio y luego de un "rodeo", vuelve al mismo estado, ha efectuado un ciclo. Aquí supondremos que el sistema es cierta masa de gas ideal y todas las transformaciones intervinientes son reversibles. En la fig.1-36 se representa un ciclo cualquiera en el plano (V,p). Para una transf. infinitésima, como la marcada en la fig.1-35, se producirá, en general, un intercambio infinitésimo de calor δQ, una variación infinitésima de energía interna dU y un trabajo infinitésimo del sistema pdV = δW_{sist}. Suponemos que no se realizan otros trabajos ($\delta W^* = 0$). Por el 1er. P. es $\delta Q = dU + pdV$ y para todo el ciclo se tendrá, integrado por toda la curva cerrada que representa al ciclo:

$$\oint \delta Q = \oint dU + \oint pdV$$

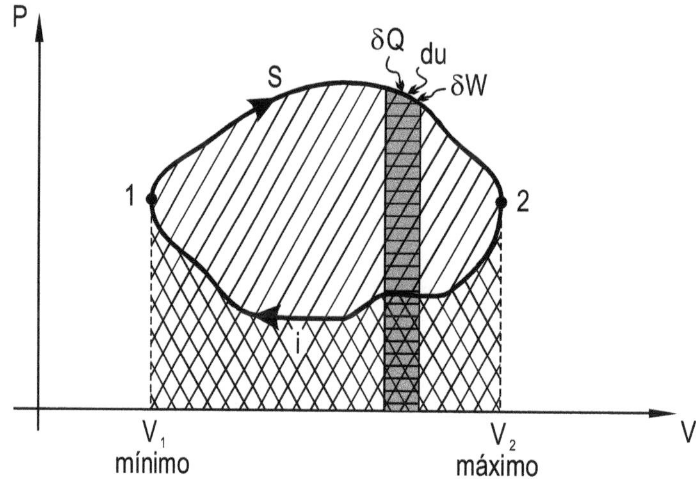

Figura 1-36

(recordar que las integrales pueden ser interpretadas como límites de sumas). Siendo U una magnitud de estado, como para el ciclo el estado final es igual al inicial, resulta: $\oint dU = 0$, luego

$$\oint \delta Q = \oint pdV = W_{sist.}$$

Es fácil comprender que $W_{sist} = \oint pdV$, en cierta escala de V y P, está dada por el "área" encerrada por el ciclo. En efecto, por análisis mat. el alumno sabe que:

$$\oint pdV = \int_{1-S-2} pdV + \int_{2,i,1} pdV = \oint_{1-S-2} pdV - \oint_{1,i,2} pdV = \text{área rayada /// - área rayada \\\\\\}$$

Por otro lado, la integral $\oint \delta Q$ da el "balance" entre el calor que ingresa al sistema ($Q_{ingr.}$) y el que egresa del sistema ($Q_{egr.}$).

$$\oint \delta Q = Q_{ingr.} + Q_{egr.} = Q_{ingr.} - |Q_{egr.}|$$

Esta última forma resalta que $Q_{egr.}$ es negativo.

Recorriendo al ciclo en sentido horario es $W_{sist.} > 0$ y por ende

$$Q_{ingr.} - |Q_{egr.}| > 0$$

luego

$$Q_{ingr.} > |Q_{egr.}|$$

En palabras: el sistema toma cierta cantidad de calor ($Q_{ingr.}$) del medio exterior (o de las Fuentes Calientes), parte lo convierte en trabajo ($W_{sist.}$) y el resto ($Q_{egr.}$) vuelve al medio exterior (a las Fuentes Frías). Es decir

$$W_{sist.} = Q_{ingr.} - |Q_{egr.}|$$

En este caso el sistema realiza un **ciclo motriz.**

Si el ciclo se recorre antihorariamente es $W_{sist.} < 0$, es decir, el sistema recibe trabajo del medio exterior, luego

$$Q_{ingr.} - |Q_{egr.}| < 0, \quad Q_{ingr.} < |Q_{egr.}|$$

Luego se comprenderá que de este modo actúa como **ciclo de refrigeración**.

1.13. Rendimiento térmico del ciclo motriz

Como el sistema demanda una cantidad de calor ($Q_{ingr.}$) para realizar el trabajo $W_{sist.} = Q_{ingr.} - |Q_{egr.}|$, conviene definir un rendimiento η, dado por

$$\eta \triangleq \frac{W_{sist.}}{Q_{ingr.}} = 1 - \frac{|Q_{egr.}|}{Q_{ingr.}}$$

1.14. Ciclos particulares (gas ideal y reversibles).

De las infinitas formas que pueden adoptar los ciclos, han prosperado, por su importancia teórica y práctica, unos pocos. Un ciclo de gran importancia teórica, pues determina el máximo rendimiento posible de un motor térmico, es el Ciclo de Carnot. Otros son importantes por su relativa facilidad de efectuarse en una máquina. Los analizamos primero como ciclos motrices, es decir, serán recorridos en sentido horario.

1.14.1. Ciclo de carnot (fig.1-37)

Está constituido por:

- compresión isotérmica 1-2, a temperatura inferior $T_{inf.}$ (ºK).
- compresión adiabática 2-3 (aumento de temperatura).
- expansión isotérmica 3-4, a temperatura superior $T_{sup.}$
- expansión adiabática 4-1 (disminución de temperatura).

La exigencia de que una compresión (o expansión) de ser isotérmica pase a ser adiabática, hace técnicamente imposible que un gas ideal pueda cumplirlo en la práctica: deberán cambiar las propiedades de las paredes del cilindro, de conductoras a aislantes sucesivamente.

1.14.2. Ciclo Otto (fig.1-38)

Está constituido por:

- compresión adiabática 1-2
- "explosión" Isócora 2-3
- expansión adiabática 3-4
- "escape" Isócoro 4-1

Este ciclo es cumplido aproximadamente por los motores de aire-nafta (como los de automóviles).

1.14.3. Ciclo Diesel (fig.1-39)

Está constituido por:

- compresión adiabática 1-2
- "combustión" isobárica 2-3
- expansión adiabática 3-4
- "escape" Isócoro 4-1

Este ciclo es cumplido aproximadamente por los motores diesel (como los de vehículos pesados).

1.14.4. Ciclo Brayton (fig.1-40)

Está constituido por:

- compresión adiabática 1-2
- combustión isobárica 2-3
- expansión adiabática 3-4
- escape isobárico 4-1

Este ciclo es cumplido aproximadamente por los motores de turbina (como los de aviación).

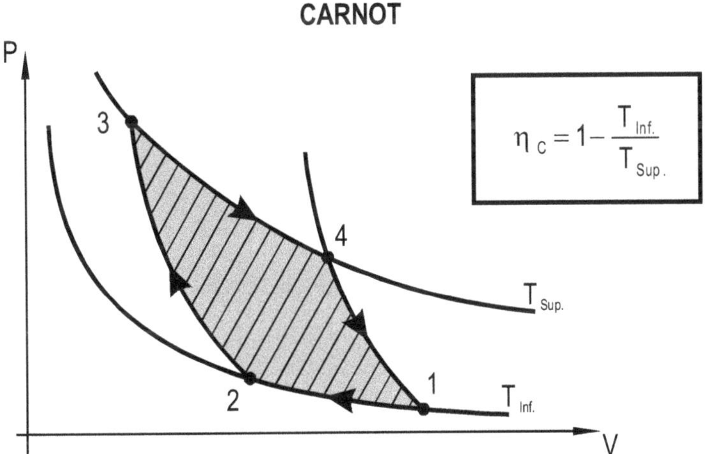

Figura 1-37

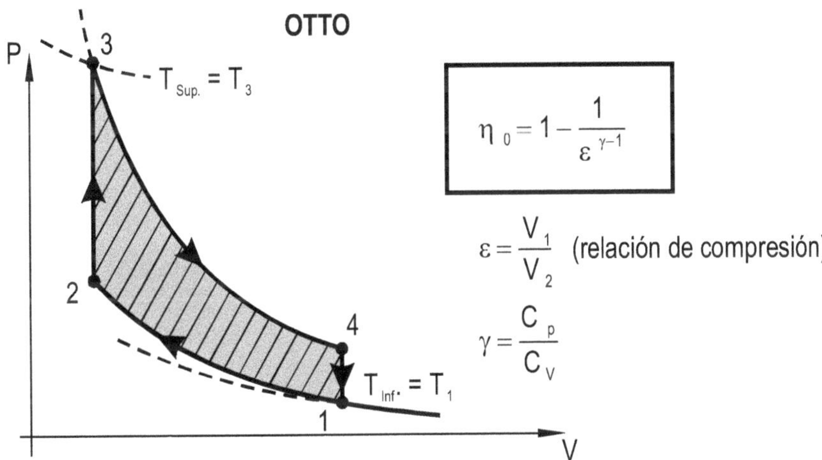

Figura 1-38

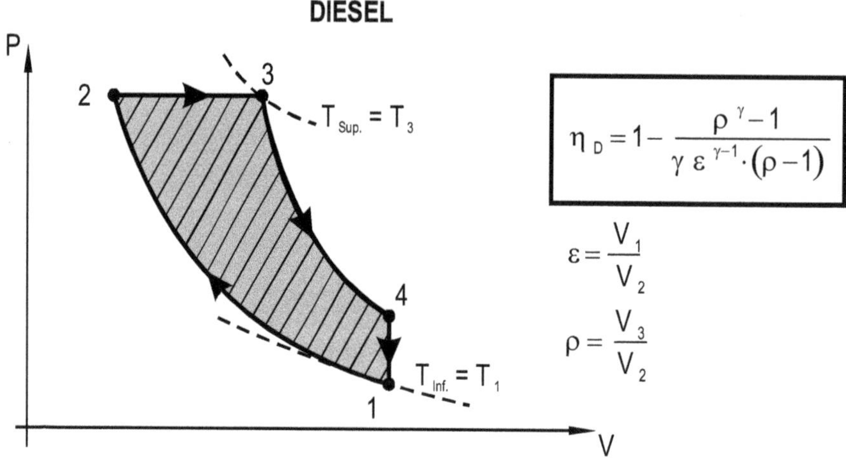

Figura 1-39

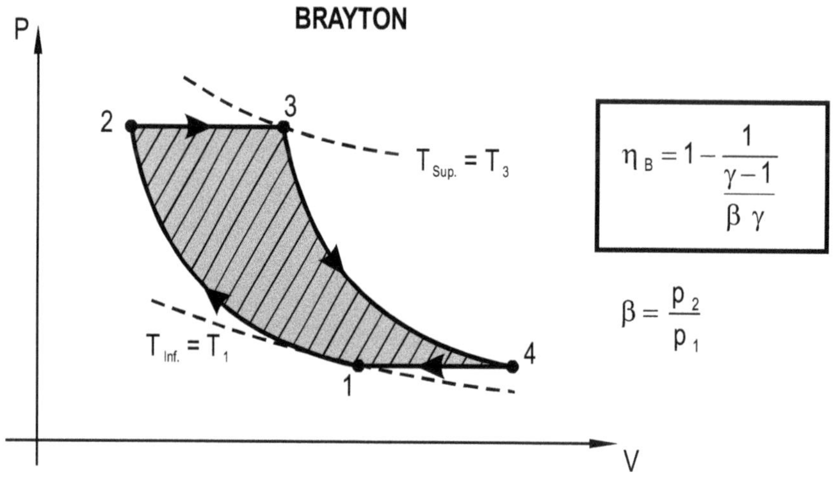

Figura 1-40

En cada figura hemos indicado el rendimiento térmico correspondiente.

Aquí solo demostraremos el rendimiento del ciclo de Carnot, dada su gran importancia teórica.

1.15. Rendimiento del ciclo de Carnot

Partimos de la definición general del rendimiento térmico de cualquier ciclo

$$\eta \triangleq 1 - \frac{|Q_{egr.}|}{Q_{ingr.}}$$

Compresión isotérmica 1-2, a temp. $T_{Inf.}$ (°K)

Como suponemos que el sistema es un gas ideal, isotérmicamente no experimenta variación de la energía interna: $\Delta U_{1\text{-}2} = 0$, luego por el 1er. P.:

$$Q_{egr.} = W_{sist1-2}$$

pero ya conocemos la expresión del trabajo isotérmico

$$W_{sist.1-2} = nRT_{\inf.} \ln\left(\frac{V_2}{V_1}\right)$$

es negativo, tomando el valor positivo

$$\left|W_{sist.1-2}\right| = nRT_{\inf.} \ln\left(\frac{V_1}{V_2}\right) = \left|Q_{egr.}\right|$$

Expansión isotérmica 3-4, a temp. $T_{sup.}$

Tenemos

$$\Delta U_{3\text{-}4} = 0$$

$$Q_{ingr.} = W_{sist.3-4} = nRT_{\sup.} \ln\left(\frac{V_4}{V_3}\right)$$

es positivo, reemplazando en la expresión de η

$$\eta = 1 - \frac{T_{\inf.} \ln\left(V_1 / V_2\right)}{T_{\sup.} \ln\left(V_4 / V_3\right)}$$

Podemos demostrar que $\left(\frac{V_1}{V_2}\right) = \left(\frac{V_4}{V_3}\right)$. En efecto, utilizando paras las isotérmicas las relaciones de B. y M. y para las adiabáticas, las de Poisson:

1-2: $p_1 V_1 = p_2 V_2$

2-3: $V_2^{\gamma} p_2 = V_3^{\gamma} p_3$

3-4: $p_3 V_3 = p_4 V_4$

4-1: $V_4^{\gamma} p_4 = V_1^{\gamma} p_1$

Multip. m.a.m. todas estas igualdades y simplificando

$$V_2^{\gamma-1} V_4^{\gamma-1} = V_3^{\gamma-1} V_1^{\gamma-1}$$

o sea:

$$\left(\frac{V_1}{V_2}\right)^{\gamma-1} = \left(\frac{V_4}{V_3}\right)^{\gamma-1} \rightarrow \left(\frac{V_1}{V_2}\right) = \left(\frac{V_4}{V_3}\right)$$

luego se simplifican los logaritmos de estos cocientes y resulta al fin:

$$\eta_C = 1 - \frac{T_{\inf}}{T_{\sup}}$$

(leer nota de página 77)

Más adelante, en el estudio del 2do. Principio, convenceremos al alumno que este es el máximo rendimiento posible para todo ciclo cuyas temperaturas extremas sean T_{sup} y T_{inf}.

Observando las figs.1-38-39-40 vemos que $T_{inf} = T_1$, $T_{sup} = T_3$, pero ¡cuidado! estos ciclos no intercambian los calores Q_{ingr} y Q_{egr} a temperatura cte. como el Carnot. Utilizando las expresiones recuadradas, para T_1 y T_3 dadas iguales para todos ellos, constataríamos que los rendimientos son inferiores a los de Carnot.

1.16. Rendimiento 1 ó 100% como límites inalcanzables

La expresión del rendimiento de Carnot resulta 1 para 2 valores de T (en ºK): $T_{inf} = 0$ ºK (cero absoluto). Pero existe un principio debido a Nerst **(3er. P. de la Termodinámica)** que afirma que el cero absoluto no es alcanzable con exactitud, sólo se puede aproximar tanto como permita la técnica experimental y $T_{sup} \rightarrow \infty$, pero es claro que la temperatura no puede crecer indefinidamente (la relatividad de Einstein lo impide).

De modo que el rendimiento 100% no es alcanzable exactamente por una máquina térmica.

En la práctica los rendimientos térmicos son bastante menores. En motores de vehículos se aproximan al 50%.

1.17. Mezcla de gases ideales. Ley de Dalton

El comportamiento de la mezcla (homogénea) de 2 o más gases ideales también se comporta como gas ideal, bajo las mismas hipótesis restrictivas de un solo gas (baja presión y temperatura por encima de la temperatura de condensación de cada gas componente).

Ley de Dalton: John Dalton (1766-1844), a quien debemos el inicio de la moderna teoría atómica de la materia, propuso que "en una mezcla de gases G_j ($j = 1, 2, \ldots, N$), en equilibrio químico, a cierta temperatura T y volumen V, cada gas G_j ejerce una presión p_j igual a la que ejercería si se encontrase sólo en el volumen V y temperatura T". Estas presiones p_j se denominan presiones parciales.

La presión total de la mezcla (p_m) es la suma de las presiones parciales

$$p_m = \sum_{j=1}^{N} p_j$$

El aire es un ejemplo, contiene N_2, O_2, H_2O como vapor o gas, etc. Supuesto a presión normal, a una dada temperatura, cada gas posee una presión que **no** es la normal, sino la parcial, por ej. la presión del vapor de H_2O es lo suficientemente baja como para que, a pesar de ser $T < 100^{o}$ C, esté en fase vapor.

E.G.E. para la mezcla

Si $n_1, n_2, \ldots, n_N$ son los nº de moles de cada gas presente en la mezcla, se tiene:

$$p_1 V = n_1 R T$$

$$p_2 V = n_2 R T$$

$$p_n V = n_N R T$$

sum. m.a.m. y teniendo en cuenta que

$$P_m = \sum p_j: P_m V = (n_1 + n_2 + ... + n_N) RT$$

Podemos hablar del mol de una mezcla (M_m), haciendo lo siguiente

$$P_m V = (n_1 + n_2 + ... + n_N)RT = n_m RT$$

donde n_m es el "número de moles" de mezcla. Pero todo número de moles ha de ser calculado como cociente entre la masa de la mezcla (m_m) y el mol de la misma (M_m)

$$n_m = \frac{m_m}{M_m}$$

Es claro que $m_m = m_1 + m_2 + ... m_n$, es decir, la suma de las masas de cada componente. A su vez, cada número de moles de cada componente es

$$n_1 = \frac{m_1}{M_1}, ..., n_N = \frac{m_N}{M_N}$$

luego debe ser

$$\left(\frac{m_1}{M_1} + \frac{m_2}{M_2} + ... + \frac{m_N}{M_N} \right) RT = \frac{m_m}{M_m} RT$$

simplificando RT y div. m.a.m. por m_m:

$$\frac{1}{M_m} = \frac{(m_1 / m_m)}{M_1} + \frac{(m_2 / m_m)}{M_2} + ... + \frac{(m_N / m_m)}{M_N}$$

esta expresión permite el cálculo del mol de la mezcla (M_m) si se conocen los moles M_j de cada componente y las respectivas proporciones en masa (m_j/m_m).

Para el aire seco (sin vapor de agua) esto da, aproximadamente: $M_m \approx 29$ gr.

Se puede hallar la "constante particular" de la mezcla (R_{gm}), los calores específicos, etc. El alumno puede hacerlo como ejercicio o bien consultar la bibliografía.

Aquí damos por terminado este breve estudio de los gases ideales. Se retomará en la teoría cinética de los gases ideales, desde un punto de vista molecular, pero esto no será tratado en este libro.

1.18. Comportamiento real de las sustancias puras. Gráficos de equilibrio de fases

Estudiaremos aquí sistemas formados por un solo componente químicamente puro (por ejemplo, agua, dióxido de carbono, oxígeno, etc.).

Estas sustancias son Cristalinas en estado sólido. En física el "sólido ideal" debe ser cristalino. Los sólidos Amorfos, como el vidrio, no son considerados verdaderos sólidos, sino mas bien, líquidos muy viscosos. Cuando la temperatura de un sólido amorfo va aumentando se ablanda gradualmente; considerar que ya se ha licuado sería una cuestión de opinión, en cambio un sólido cristalino se licua a una temperatura definida (función de la presión), en forma discontinua, no gradual.

En la antigüedad suponían que ciertos gases no serían licuables. A los gases que podían licuar (o condensar) los denominaban Vapores. Hoy sabemos que todo gas es condensable con una adecuada temperatura y presión. La distinción entre vapores y gases es físicamente inútil, pero la denominación se conserva hoy en un sentido que luego veremos.

No se posee una ecuación general de estado que describa el comportamiento completo (en todas sus fases) de una sustancia pura. Los resultados que expondremos deben ser considerados en su mayor parte como experimentales.

Si se pretende licuar un gas por Compresión Isotérmica su temperatura tiene que mantenerse por debajo de cierto valor propio de ese gas: es la Temperatura Crítica (Tc).

Cuando el gas comienza a condensarse su volumen disminuye a medida que se extrae el **calor de condensación** sin necesidad de aumentar la presión ni variar la temperatura, de modo que la **isobara coincide con la isoterma** en la medida que existan ambas fases en contacto (líquido y vapor), fig.1-41. La presión se denomina de Saturación y el vapor Saturado. La condensación comienza en 1 y finaliza en 2, donde ya la sustancia es toda líquida. Para mejor explicación aquí conviene tener en el eje de abscisas en lugar del volumen simple (m^3) el volumen específico (m^3/kg), o sea la inversa de la densidad del sistema; como siempre denominamos con m la masa total de la sustancia; de modo que:

$$v = \delta^{-1} = \frac{V}{m}$$

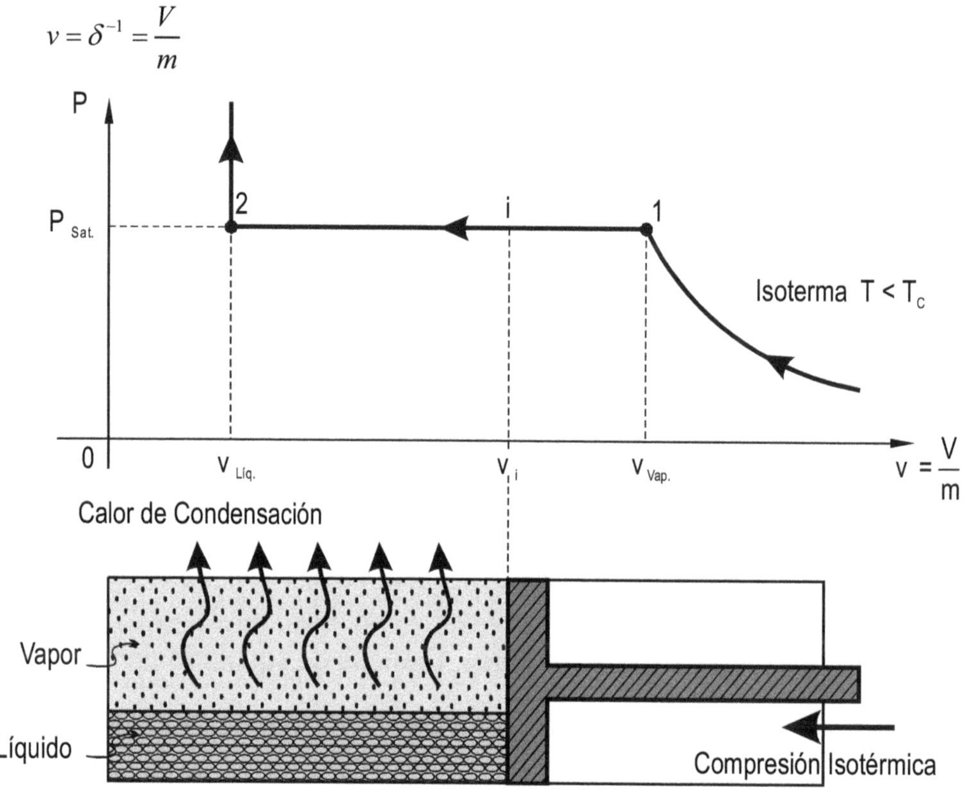

Figura 1-41

Para disminuir un poco el volumen del líquido se necesitan aumentos grandes de presión, por ello las isotérmicas del líquido son casi paralelas al eje de presiones. Entre los puntos 1 y 2 (por ejemplo el i) coexisten el vapor saturado y su líquido, ambos a la misma temperatura y presión. La diferencia estriba en la densidad (o su inversa, el volumen específico).

En el punto i se tiene una **masa de líquido**

$$ml = m\left(\frac{\overline{i1}}{\overline{\overline{12}}}\right)$$

y una masa de vapor saturado

$$mv.s = m\left(\frac{\overline{i2}}{\overline{\overline{12}}}\right)$$

El líquido tiene una **densidad**

$$\delta l = \left(\frac{1}{v\,liq}\right)$$

y el vapor saturado una **densidad**

$$\delta v.s = \left(\frac{1}{v\,vap.sat}\right)$$

Es claro que δl > δv.s y así el líquido "decanta". 1/vi = δi es la densidad del sistema completo (líquido + vapor):

$$\delta i = \frac{Vi}{m} = \frac{Vi}{ml + mv.s}$$

donde Vi es el volumen simple "atrapado" entre el émbolo y la tapa del cilindro.

Luego veremos que en el llamado Punto Crítico (P.C.) es δlíq = δ v.s. = δsistema y así no se distingue el vapor de su líquido.

Si m = 1 kg (o cualquier unidad) cuando se pasa de 1 a 2 la sustancia cedió el **calor latente de condensación** ya conocido.

La experiencia muestra que el calor latente de condensación (o de vaporización) es función de la presión de saturación.

Todas las situaciones posibles de la sustancia las presentamos en un par de ejes (v – p) en la fig.1-42. Es el diagrama de equilibrio de fases de Andrews. Lo hemos dividido por zonas (con líneas continuas) y se han marcado algunas isotermas (en líneas de trazos). Si la sustancia tiene un volumen específico y presión tal que el punto de equilibrio está en la zona:

1. (arriba a la derecha de la isoterma Tc) se encuentra en estado de Gas.
2. (debajo de la isoterma Tc) no hay diferencia con 1 pero tradicionalmente se denomina zona de vapor o bien Vapor Sobrecalentado (no saturado). El vapor sobrecalentado es tan invisible como el gas. Cuando el agua hierve en una pava, el "humo" que sale del pi-

co no es apropiado llamarle vapor pues ya es condensado (líquido) dividido en pequeñas gotas.

3. (zona A-C-N-P.C-M-A) En esta zona coexisten ambas fases (zona bifásica), líquido y vapor saturado. Desde P.C. hasta A (como en M) la sustancia está en estado de vapor saturado a punto de condensar. Desde P.C. hasta C (como en N) la sustancia está líquida, a la temperatura de vaporización.
4. (zona limitada por arriba por la isoterma crítica Tc). Aquí la sustancia está en la fase líquida. En el límite entre la zona 1 y 4 la sustancia está en un estado "fluido" donde el gas y el líquido se diferencian muy poco. Exactamente en el punto crítico P.C. no hay diferencia, como veremos.
5. Coexisten la fase líquida con la sólida (otra zona bifásica). En la línea casi paralela al eje p, a la derecha, la sustancia está líquida, a punto de solidificar. En la línea izquierda está sólida, a punto de licuar (o fundirse).
6. Es la zona del estado sólido (el único estado en que los átomos o moléculas están ordenados según su patrón geométrico con ciertas simetrías, es decir, en estado Cristalino).
7. Coexisten la fase vapor con la sólida. En la línea A – B coexisten las tres fases: sólido – líquido – vapor. Por ello se denomina línea triple. El sólido tiene una densidad (1/vs) el líquido (1/vl) y el vapor (1/vv).

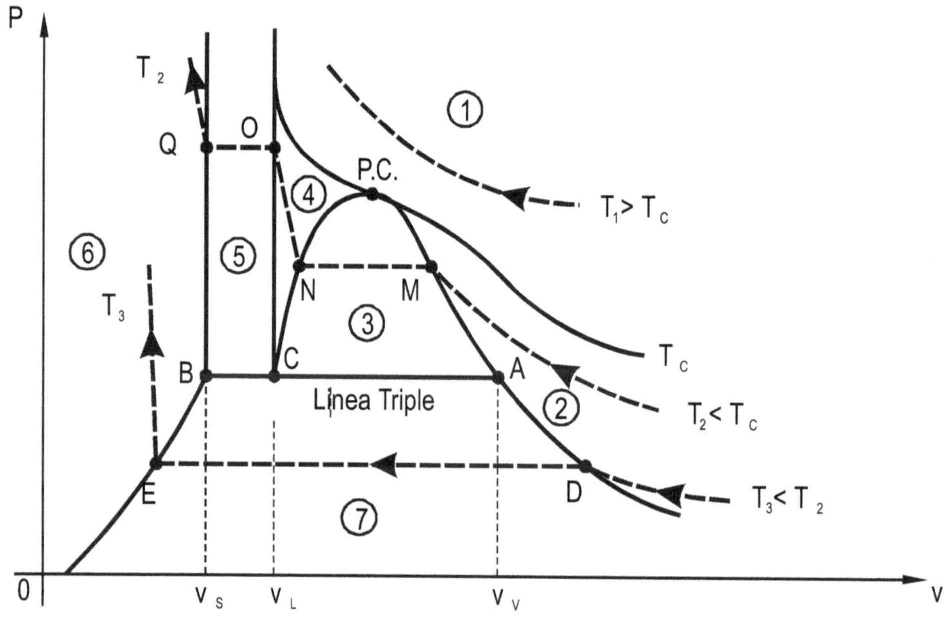

Figura 1-42

La isoterma T_1 > Tc recorrida de derecha a izquierda representa una compresión isotérmica. Si T_1 >> Tc es aproximadamente hiperbólica y así se tiene la conocida ley de Boyle y Mariotte pV = ctte si T = ctte. para el gas perfecto. La compresión a esas temperaturas parece no licuar al gas (al menos para presiones no extraordinariamente altas).

La isoterma crítica Tc tiene en P.C. un punto de inflexión a tangente paralela al eje v. Luego se analizará en detalle.

La isoterma $T_2 < Tc$ representa una compresión isotérmica tal que en el punto M el gas (o vapor) comienza a licuar. En N finaliza la condensación y comienza una "difícil" compresión del líquido. Suponemos que en 0, a muy elevada presión, el líquido comienza a solidificar. Es claro que para mantener la temperatura constante la sustancia debe ceder calor.

La compresión a temperatura Tc inferior a la de la línea triple produce la **sublimación** (en D), es decir el paso de vapor a sólido sin pasar por la fase líquida. El fenómeno es "domésticamente" conocido para el "hielo seco" de los heladeros ambulantes (el hielo seco es CO_2 sólido). A presión atmosférica el hielo seco pasa a vapor sin pasar por líquido.

Cuando se pasa de D a E la sustancia ha cedido el calor de sublimación.

1.18.1. Superficie de equilibrio de fases (Superficie termodinámica para sustancias puras)

Los estados de equilibrio también pueden ser representados por una terna de ejes ortogonales (v, p, T). Todos los estados constituyen una Superficie (p = f (v,T)) que dibujamos (fig.1-43) como si fuese una maqueta limitada por planos paralelos a los coordenados (zonas rayadas).

La superficie aquí dibujada corresponde a una sustancia que **no es agua** (para ella hay unas diferencias que luego comentaremos).

Un punto en la "masa" de la maqueta o fuera de ella no es un estado de equilibrio del sistema.

Se puede interpretar que el gráfico (v – p) de Andrews (fig.1-42) es una vista o proyección frontal de esta superficie (mirando en la dirección del eje T). Decimos proyección (no corte). Tenemos dos proyecciones o vistas más: una desde el eje v hacia 0, de modo que el plano (T, p) se vea frontalmente (fig.1-44) y otra desde arriba hacia abajo, de modo que el plano (v, T) se vea frontalmente (fig.1-45).

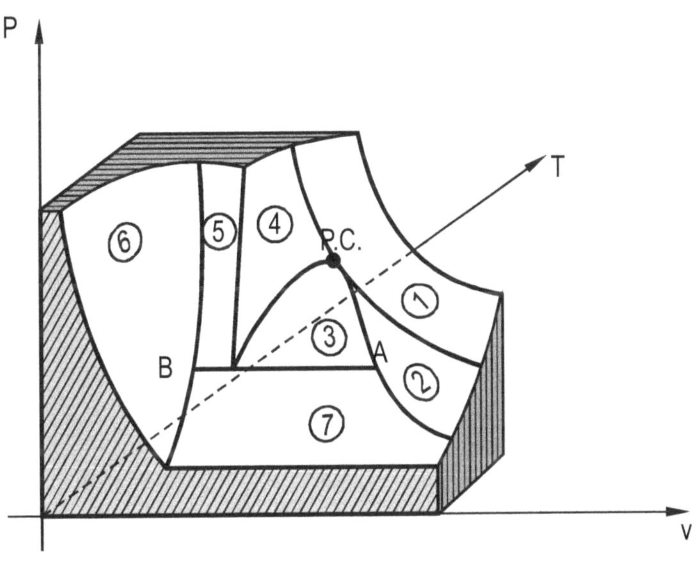

Figura 1-43

La línea 3 del gráfico (T, p) corresponde a la zona bifásica líquido – vapor de la superficie. La línea 5 al líquido – sólido y la línea 7 al vapor – sólido. El hecho de que sean líneas aquí y no zonas como en la superficie indica claramente que la presión y temperatura de ambas fases en equilibrio son las mismas (condición de equilibrio de fases, implica igual potencial químico μ). El punto triple P.T. es proyección de la **línea triple**. Como se ve el estado triple o trifásico corresponde a una dada temperatura y presión. Modificando un pequeñísimo valor la T o la p desaparece una o dos fases. De aquí que modernamente se considere al punto triple como punto fijo para escalas termométricas. El punto triple del agua corresponde a 0,01 C y de presión 4,8 mm. Se hizo así para que subsista la vieja definición de O° C. (averigue el alumno las coordenadas T, p del punto triple de otras sustancias, en Greco, pag. 494 – tabla XXVI). En la fig.1-44 se comprende que una compresión isotérmica a $T_2 <$ Tc puede llevar la sustancia de líquido a sólido al trasponer los puntos O – Q que aquí están superpuestos, inclusive parece que así también puede ser para T > Tc pues a la línea 5 no se le conoce el punto final como a la 3 que termina en P.C.

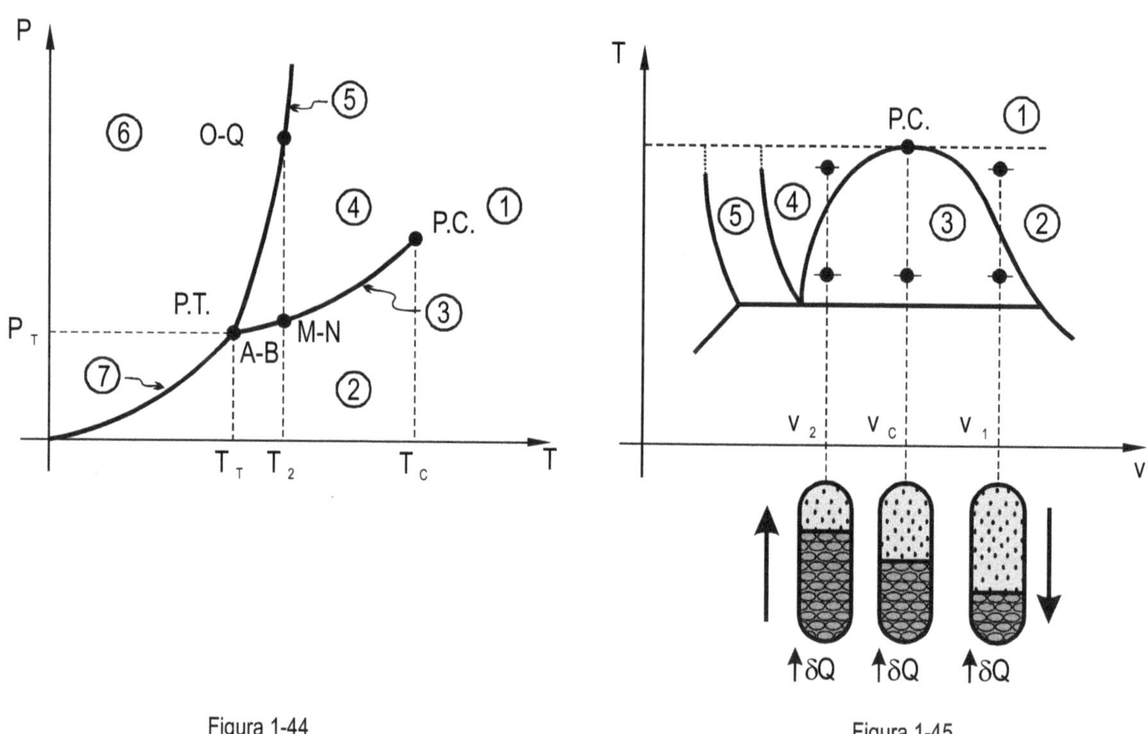

Figura 1-44

Figura 1-45

1.18.2. Comportamiento de la sustancia en el punto crítico. Tubos de Natterer

En la fig.1-45 suponemos 3 tubos rígidos (transparentes), de igual volumen simple (en cm^3). Cada uno, a igual temperatura inicial tiene una sustancia en estado bifásico líquido – vapor (zona 3). El tubo de la derecha inicialmente tiene más vapor que líquido, de mod que $v_1 > v_c$, lo contrario para el de la izquierda. El del medio se supone que tiene líquido – vapor de modo que al calentar pase su estado por el P.C. Si calentamos el tubo derecho el menisco desciende (se vaporiza el líquido) pues la temperatura asciende a v = ctte hasta llegar a la zona 2 de vapor. En cambio al calentar el de la izquierda el **menisco asciende**, el vapor condensa!, vamos hacia la zona 4 de líquido. En el caso que el tubo del medio tenga exactamente el v_c de la sustancia, al calentar el menisco ni asciende ni desciende, desaparece en el lugar en que se encuentra cuando se llega al punto crítico P.C. Allí la densidad 1/vc es común tanto para el vapor como para el líquido, de modo que son indistinguibles. Para no denominar a este estado líquido o vapor se le suele denominar **fluido.**

Para el agua el punto crítico tiene:

presión .... $p_c = 225 \frac{kf}{cm^2}$

temperatura............................ $T_c = 647° K (\simeq 374° C)$

volumen específico .... $v_c = 3{,}1 \frac{lts.}{kg}$

densidad .... $\delta c = \frac{1}{vc} \simeq 0{,}33 \frac{kg}{lt}$

Nota: los gráficos anteriores son para la mayoría de las sustancias que al congelarse se contraen, de modo que el sólido tiene una densidad mayor que el líquido (el sólido se hunde en su líquido). Pero el Agua de 4 a 0° C se dilata, de modo que el hielo es menos denso que el agua líquida, por eso flota. De modo que el aspecto de los gráficos anteriores cambia en la zona bifásica 5 (hielo + líquido), además posee una pendiente contraria, indicando que a **mayor presión la temperatura de fusión decrece** (fig.1-46, 1-47 y 1-48).

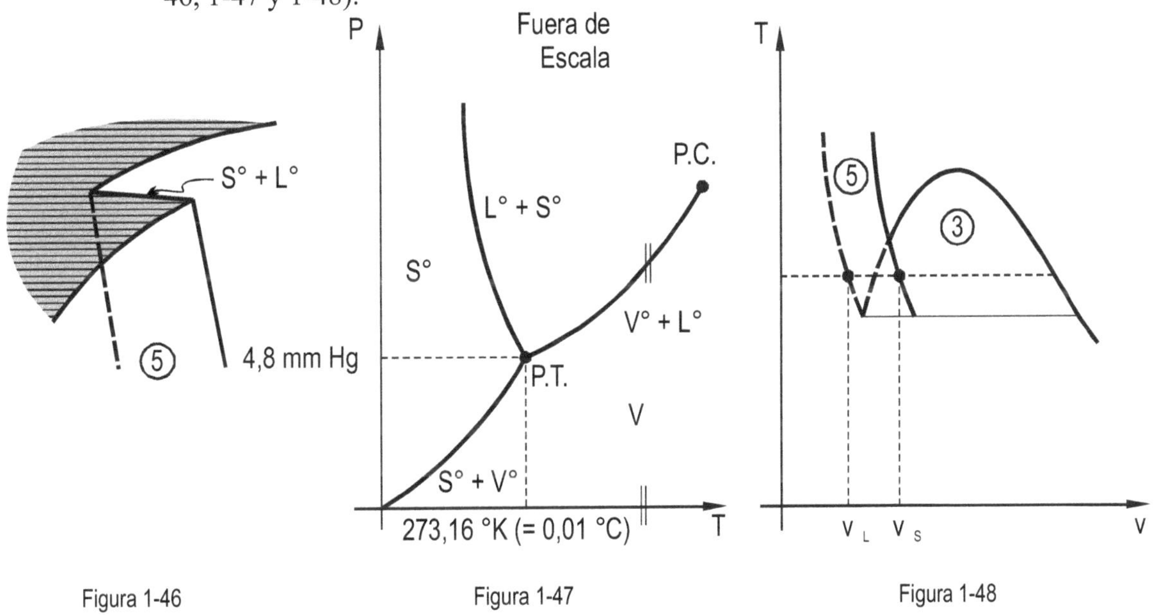

Figura 1-46 Figura 1-47 Figura 1-48

En la figura 1-48 se observa que

$$\delta hielo = \frac{1}{vs} \boxtimes \delta liq. = \frac{1}{vl}$$

Es interesante observar que la densidad (o su inversa) junto con la temperatura no definen unívocamente un estado en la zona de solapamiento de 3 y 5 (no sabíamos si el punto representativo del cstado está "adelante" o "atrás").

1.18.3. Regla de las fases de Gibbs

Se ve claro, especialmente en las gráficas (T, p) que cada línea bifásica implica que la presión pasa a ser una función definida de la temperatura si es que se quiere mantener dos fases en equilibrio.

Para mayor claridad tomemos la línea 3 de líquido + vapor: para cada temperatura la presión de saturación debe tener un valor determinado, de lo contrario desaparece una fase. Esto no ocurre en las zonas monofásicas. En el punto triple (P.T.), no se puede alterar ni la presión ni la temperatura sin que desaparezca una o dos fases.

En la gráfica (v – p) hay que tener en cuenta además las proporciones de una y otra fase: un punto de la **línea triple** implica no solo una presión p_t y una temperatura t_t sino también una cierta proporción de líquido – vapor – sólido. Un cambio en v implica una alteración de estas proporciones.

Si llamamos con L a los Grados de Libertad, es decir, al número de parámetros que pueden ser cambiados libremente **sin alterar** el equilibrio de fases, con N el número de **componentes** del sistema (en los casos que hemos tratado es N = 1), con F el número de fases, Gibbs encontró la siguiente relación:

$$L = N + 2 - F$$

Si por ejemplo N = 1 y estamos en las zonas monofásicas (F = 1) se tiene L = 2, es decir se pueden cambiar p y T libremente sin alterar la fase (el cambio obviamente no debe ser tan amplio como para alterar F). Si N = 1 y F = 2 (zonas bifásicas) se tiene L = 1, sólo se puede cambiar libremente T (o p) pero no ambos ($p = f_{(T)}$). En la línea triple F = 3, L = 0, no se puede cambiar p ni T, para una dada proporción de líquido, sólido y vapor, es decir para un dado volumen específico del sistema.

Para más componentes (N > 1) aparecen las concentraciones relativas como variables a tener en cuenta.

1.19. Segundo principio de la Termodinámica

Hay transformaciones y fenómenos "imaginables o pensados" que cumplirían con el 1er. P. (conservación de la energía), pero que sin embargo jamás se han observado (sea en la naturaleza o en el laboratorio). Ejemplos:

1) Es posible pensar que un hipotético motor para barcos, tome energía interna del mar, en forma de calor, y la convierta en energía mecánica capaz de mover al barco. ¡Sería un motor muy económico! La energía interna de los mares es inmensa en comparación a las necesidades humanas. Pero, lamentablemente, un motor así no se ha podido construir, ni siquiera proyectar idealmente, es más, quizás nunca se pueda realizar… ¿qué lo prohibe? ¿qué dificultades presenta? Son dificultades de carácter teórico, de principio, no técnico. Sin embargo el 1er. P. lo permite, pues éste sólo exige que el trabajo mecánico no supere al calor tomado.

2) Es posible imaginar que un cuerpo en contacto térmico con otro, ambos aislados del resto del Universo, se enfríe por debajo de la temperatura del otro entregándole a éste calor, es decir, imaginar que el calor fluye del cuerpo de menor temperatura hacia el otro de mayor temperatura, de modo espontáneo, sin intervención del medio exterior. Sin embargo esto nunca se ha obtenido en la realidad.

   El 1er. P. sólo exige que el calor que entrega uno lo reciba el otro, no importando el sentido del flujo. Para que el calor fluya del cuerpo más frío hacia el más caliente se necesita efectuar trabajo sobre el sistema (máquina frigorífica).

3) Nunca se ha observado que un cuerpo aislado (salvo de la gravedad) ascienda espontáneamente porque sus átomos adquirieron velocidad promedio hacia arriba (en contra de la gravedad). Entiéndase que por estar aislado (salvo de la gravedad), no se trata de ascender por

el empuje de alguna fuerza exterior, sino como se ha dicho, ¡por el ordenamiento casual de los sentidos de los vectores velocidades moleculares!

4) Tampoco se ha observado que un cadaver descompuesto recomponga los tejidos y "reviva",

Vemos que los ejemplos dados se refieren a sistemas Macroscópicos, como corresponde al estudio de la termodinámica. Estos sistemas en general suelen tener un número de moléculas del orden del nº de Agogadro. Estos sistemas, aislados, si están en equilibrio no experimentan transformaciones macroscópicas y si no están en equilibrio experimentan transformaciones que los lleva hacia estados que implican configuraciones moleculares menos estructuradas, menos "ordenadas".

La no observación de los fenómenos mencionados (y de muchos otros similares) ha llevado a eminentes científicos a enunciar un **Segundo Principio** que "prohíbe" lo que el primero no es capaz de prohibir.

Según el fenómeno analizado, distintos científicos han enunciado el Segundo Principio (2do. P.) de distintos modos, que a primera vista parecen referirse a cuestiones muy distintas. Pero un mayor estudio permite demostrar que estos modos son equivalentes o interconectados. El modo más genérico, que inclusive permite el cálculo, es aquél que utiliza una magnitud extensiva, de estado: la Entropía (S), que más adelante definiremos.

Veamos los distintos enunciados del 2do. Principio

1.19.1. Enunciado de Kelvin y Planck

Prefiero aquí modificar un poco su enunciado respecto a la forma original para que el alumno lo comprenda más rápidamente, se refiere al motor imposible del ejemplo 1) anterior: "es imposible que un motor, funcionando cíclicamente tome calor de **una fuente** monoterma y lo convierta totalmente en trabajo". La fig.1-40 grafica la idea. La fig.1-41 grafica lo que sí es posible, y de hecho es así: un motor toma energía calórica de una (o más) fuente caliente, parte lo convierte en trabajo sobre el exterior y el resto es entregado a una (o más) fuente fría. En ambas figuras, para concretar, se dan valores numéricos de temperaturas y energías.

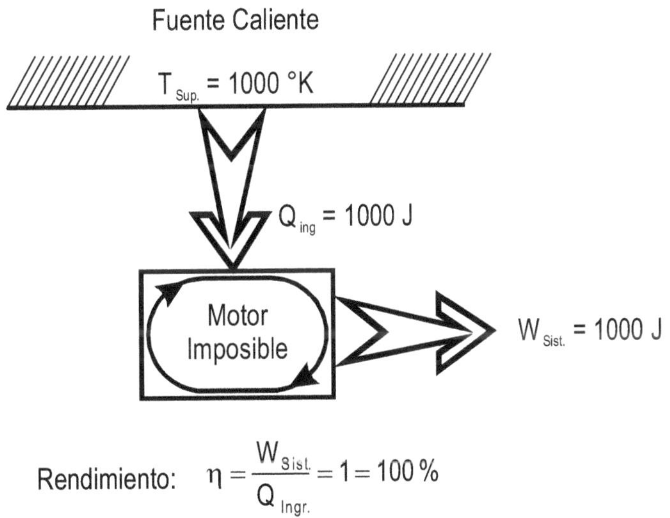

Figura 1-49

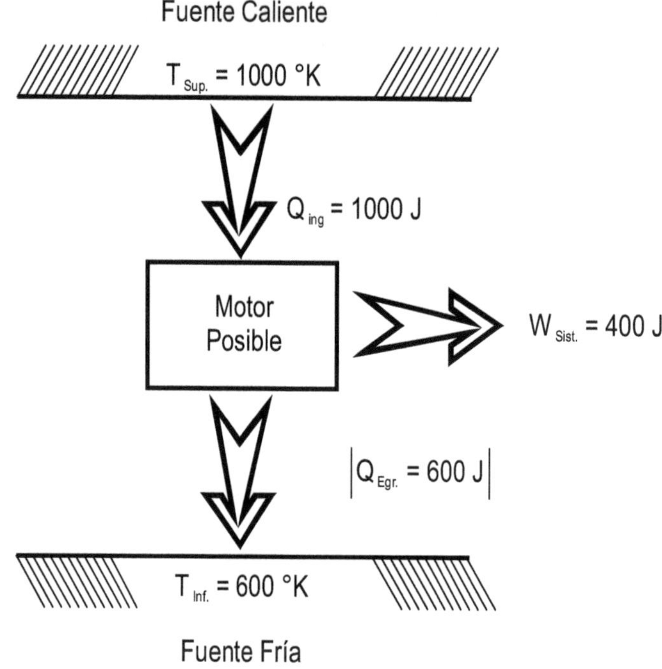

Figura 1-50

Rendimiento:

$$\eta = \frac{W_{Sist}}{Q_{Ing}} = \frac{400\ J}{1000\ J} = 0,4 = 40\ \%$$ **Esto es Posible**

Cabe aclarar que generalmente se supone que las fuentes de energía calórica son de capacidad infinita (su temperatura no se altera sensiblemente al entregar o recibir calor del sistema) y toda su masa es de temperatura uniforme (fuente monoterma).

Según K. y P. como mínimo se necesitan 2 fuentes para hacer funcionar cíclicamente un motor: una de (T_{sup}) y otra de temp. inf. (T_{inf}). Otros motores (como el Otto, Diesel, etc., es decir la amplia mayoría), necesitan una "sucesión continua de fuentes calientes y frías. Esto quiere decir que ingresa calor a distintas temperaturas y también egresa a distintas temperaturas (inferiores a las anteriores).

Refiriéndonos a las figs.1-37 (Carnot), 1-38 (Otto), 1-39 (Diesel), 1-40 (Brayton), el calor ingresa al sistema motor en la transformación isotérmica 3-4 para Carnot, isócora 2-3 para Otto, isobárica 2-3 para Diesel y Brayton y egresa en la isot. 1-2 para Carnot, isócora 4-1 para Diesel y Otto e isobárica 4-1 para Brayton.

El ciclo de Carnot es de sólo 2 fuentes, en cambio el resto es de ∞ fuentes calientes y frías.

Se me ocurre representar como en la fig.1-51 a los motores de ∞ fuentes. Esta figura podría ser para el Otto: comienza a ingresar calor a temp. T_2 y termina a T_3, pasando por valores intermedios, y comienza a egresar a temp. T_4 y termina a T_1.

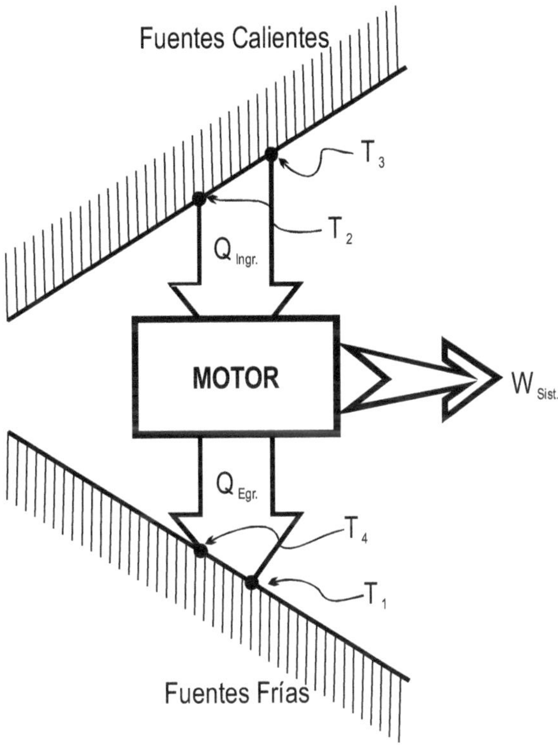

Figura 1-51

1.19.2. Enunciado de Clausius

Hace referencia al ejemplo 2), "es imposible que una máquina cíclica (refrigerador o bomba de calor), tome calor de una (o varias) fuente fría y lo entregue a una fuente caliente, sin intervención energética del exterior".

Puede también enunciarse: "el calor fluye espontáneamente de las fuentes calientes a las frías". En la fig.1-52 se grafica un refrigerador imposible según Clausius. En la fig.1-53 se tiene lo posible, el refrigerador toma calor de la fuente fría, recibe trabajo del exterior y envía calor a la fuente caliente.

Por ejemplo, el refrigerador doméstico requiere energía eléctrica para hacer fluir el calor de su interior a baja temperatura, hacia el exterior que en general está a mayor temperatura. Existe un ciclo, llamado Servel, que la energía requerida se obtiene de la combustión, son las "heladeras a kerosene".

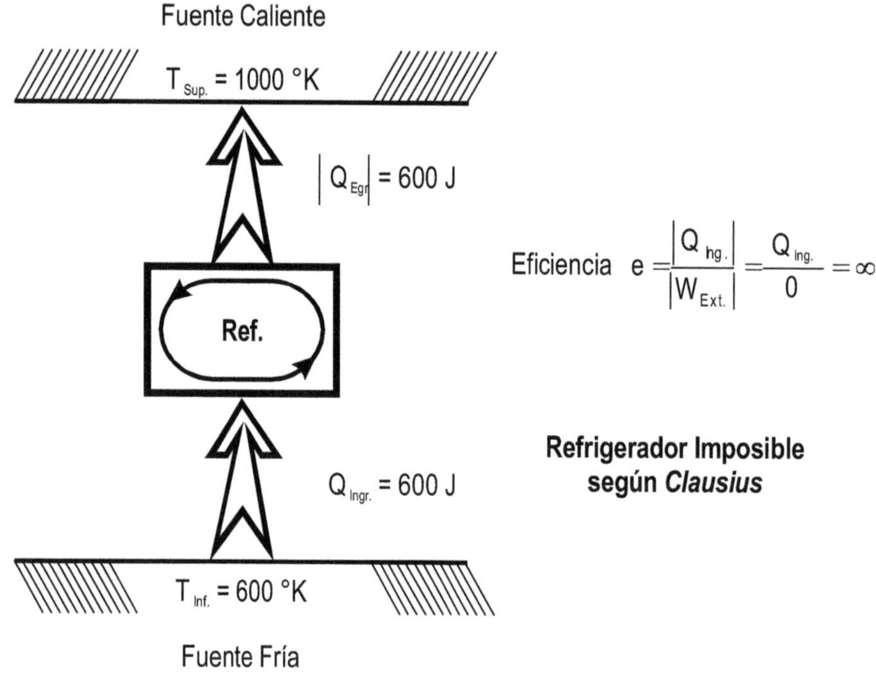

Figura 1-52

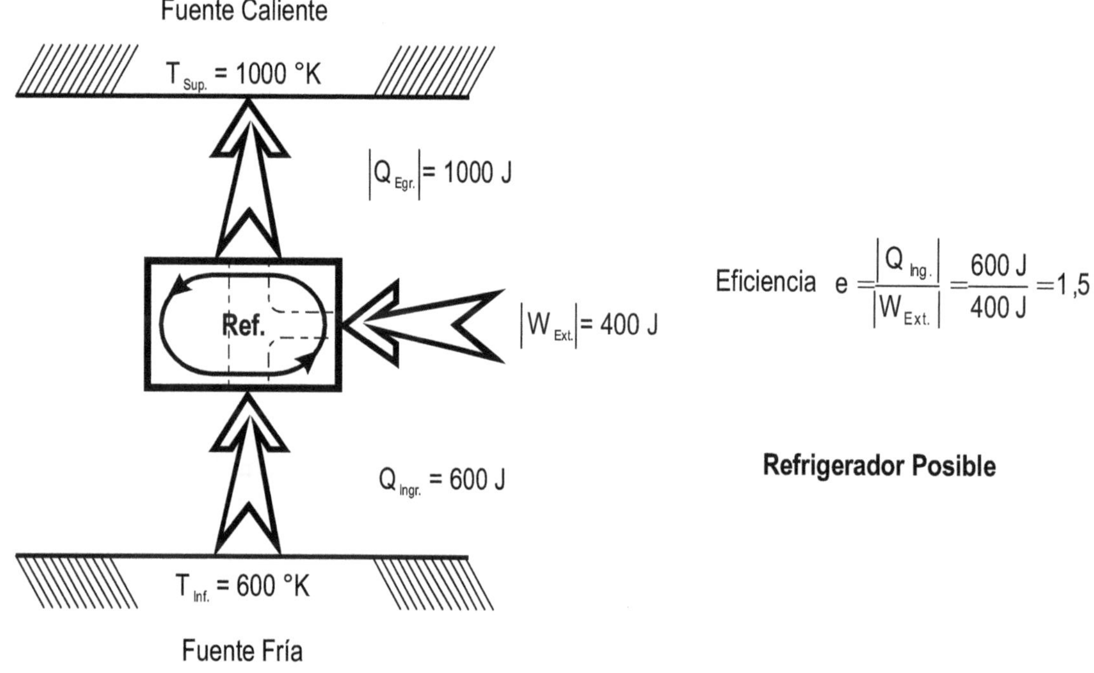

Figura 1-53

Se denomina eficiencia e en un refrigerador al cociente entre el calor que extrae de la fuente fría (gabinete interior de la heladera) y el trabajo exterior que demanda para ello

$$e \triangleq \frac{Q_{ingr}}{|W_{ext}|}$$

No debe confundirse con el rendimiento este valor puede ser mayor que 1.

Vemos que Clausius está afirmando que es imposible un refrigerador de eficiencia infinita.

He repetido en la fig.1-53 los valores numéricos del motor de fig.1-50, pero los sentidos de las flechas están invertidos: recordemos que un ciclo horario es motor y antihorario es refrigerador. En teoría, estos ciclos son reversibles, de modo que pueden funcionar de un modo u otro.

En la práctica ciertos ciclos pueden funcionar como motor o refrigerador, pero otros no, debido especialmente a ciertas dificultades técnicas de las máquinas.

1.19.3. Enunciado de Carnot

También Sadi Carnot enunció a su modo el 2do. Principio. Antes de expresar este enunciado, recordemos brevemente el concepto de transformación reversible e irreversible.

- una transformación es reversible cuando modificando en un infinitésimo una magnitud conveniente, la transformación se invierte. Vimos que si el émbolo no tiene rozamiento y se mueve a velocidad cte., la modificación infinitesimal de la presión invierte la transformación.
- una transformación reversible requiere la uniformidad de las magnitudes de estado. Es representable en ejes coordenados por curvas lisas.
- la presencia de rozamiento entre el émbolo y el cilindro hace irreversible la transformación.

Podemos decir que una transformación reversible es una sucesión continua de estados de equilibrio con el medio exterior, de modo que si el sistema realiza un ciclo, el medio exterior también, de modo que completado el ciclo, el sistema y el resto exterior quedan como antes, no quedan "huellas".

(El sistema más el resto exterior se denominará "universo")

Todo esto constituye una idealización, no se cumple en la realidad: toda transformación real es irreversible, aunque es posible reconocer mayores o menores "grados" de irreversibilidad.

Es interesante comparar el calor que ingresa y el trabajo efectuado por un sistema cuando experimenta una expansión reversible y luego una irreversible, isotérmica la primera y que las temperaturas iniciales y finales para la segunda sean iguales.

Quizás la transf. irreversible que más posibilidades de ser representada por curvas sea la expansión lenta de un sistema encerrado en un cilindro con émbolo con rozamiento. Sea F_{roz} la fuerza de rozamiento. En la fig.1-54 se indican: la expansión reversible isotérmica de gas ideal $1 \rightarrow 2$, donde se cumple en todos sus puntos que $P_{gas} = P_{ext}$. ($F_{roz} = 0$) (masa del émbolo despreciable para no considerar trabajos del peso del émbolo). Sabemos que el trabajo del sistema gas ideal, para esta transf. reversible isotérmica es

$$|W_{ext}| = W_{sist,rev.} = nRT_1 \ln\left(\frac{V_2}{V_1}\right).$$

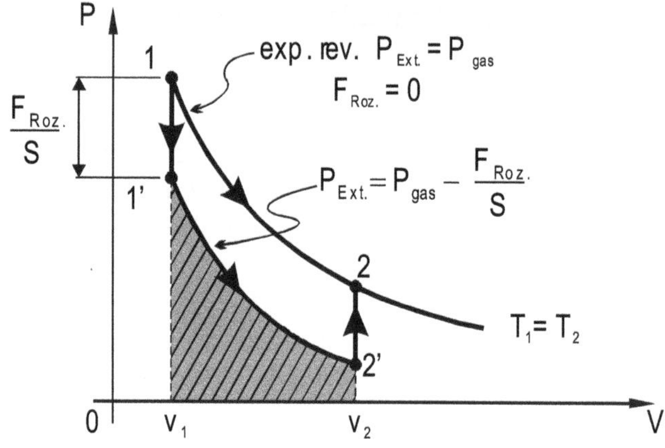

Figura 1-54

La presencia de rozamiento hace que para producir expansión, la presión exterior debe permanecer por debajo de la del gas en la cantidad mínima F_{roz}/S. Vemos así que el trabajo exterior en esta expansión irreversible es menor que la reversible: el trabajo exterior irreversible está dado por el área rayada en la fig.1-54. La transf. irrev. es 1-1'-2'-2, es decir, las temperaturas iniciales y finales son iguales.

En la compresión ocurre lo contrario. En resumen

$$\left|W_{ext.irrev}\right| < nRT_1 \ln\left(\frac{V_2}{V_1}\right) = W_{sist.rev} = \left|W_{ext.rev}\right|$$

Veamos la cantidad de calor que ingresa. Para gas ideal es $U_1 = U_2$, luego $\Delta U_{1\text{-}2} = 0$ (tanto para la exp. reversible, como para la irreversible, con tal que las temperaturas iniciales y finales sean iguales), luego por el 1er. P.

$$Q_{ingr} = -W_{ext.}$$

Por lo tanto, para la expansión reversible es

$$Q_{ing.rev} = nRT_1 \ln\left(\frac{V_2}{V_1}\right)$$

para la expansión irreversible es

$$Q_{ing.irrev} < nRT_1 \ln\left(\frac{V_2}{V_1}\right)$$

o sea

$$Q_{ing\ irrev.} < Q_{ing.\ rev.}$$

El alumno puede estudiar de igual modo la **compresión** isotérmica, llegará a la siguiente conclusión:

$$\left|W_{ext.irrev}\right| > nRT\left|\ln\left(\frac{V_1}{V_2}\right)\right|$$

y por ende

$$\left|Q_{egr.irrev}\right| > \left|Q_{egr.rev.}\right|$$

Creo que con este análisis se está haciendo evidente que, el trabajo exterior, en valor absoluto, que realiza un sistena en un ciclo cuando existen razonamientos (ciclo irreversible), es menor que en el caso de ciclos con transf. reversibles. En la fig.1-55 hemos representado al ciclo Carnot por segmentos rectos para más claridad del dibujo: con línea continua 1-2-3-4-1 el ciclo reversible, sin razonamientos, donde

$$P_{ext} = P_{gas},\ \left|W_{ext}\right| = \left|W_{sist}\right|$$

En líneas de trazos se representa la presión exterior en el caso de existir rozamientos. La presión exterior debe mantenerse por encima de la del gas en la compresión y por debajo en la expansión, en una cantidad F_{roz}/S. Vemos así que el trabajo exterior con rozamiento es menor que para el ciclo reversible, existiendo además ciclos pequeños antihorarios que hay que descontar del trabajo: son (1'-A-1"-1') y (B-3'-3"-B).

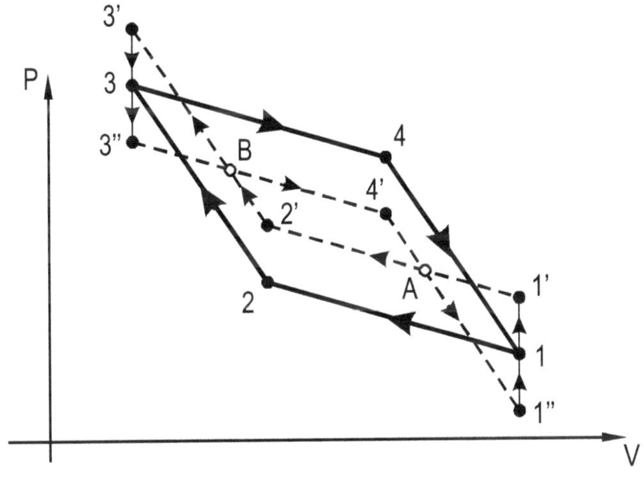

Figura 1-55

Estamos ahora en condiciones de aceptar más fácilmente el **enunciado de Carnot**: "todas las máquinas térmicas que funcionen **reversiblemente** entre las mismas 2 fuentes (caliente (T_{sup}) y fría (T_{inf})), tienen igual rendimiento, **independientemente de las sustancias que constituyen al sistema**". Este rendimiento es

$$\eta_{Crev.} = 1 - \frac{T_{inf}}{T_{sup}}$$

Además: "cualquier máquina funcionando **irreversiblemente** entre esas mismas fuentes tiene menor rendimiento que las reversibles".

Si se releen los 3 enunciados: de K.-P., de Clausius y de Carnot, parecen no tener conexión, parecen ser independientes: pero es fácil demostrar que si no se acepta uno de ellos tampoco deben aceptarse los otros: son enunciados equivalentes. **Veamos:** supongamos que no aceptamos el de K.-P., es decir, suponemos que es posible un motor de única fuente (fig.1-56). Utilicemos este motor para hacer funcionar un refrigerador posible, ajustando los valores energéticos como se indica en la fig.1-56(a): el conjunto (motor imposible-refrigerador posible) equivale a un refrigerador imposible, es decir, se viola el enunciado de Clausius, pues el conjunto hace pasar calor de la fuente fría a la caliente sin recibir trabajo del medio exterior (fig.1-56(b))

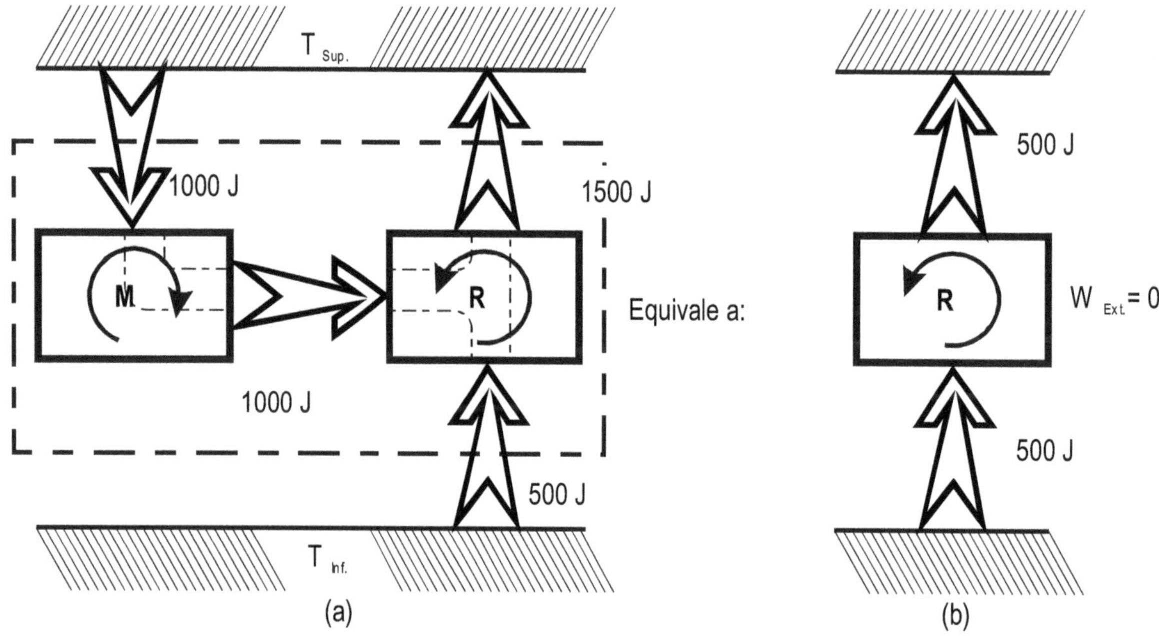

Figura 1-56

El alumno puede demostrar que el conjunto de un **refrigerador imposible** según Clausius y un motor posible puede actuar como un **motor imposible** según K. y P. Para ello utilice el refrigerador imposible para devolver a la fuente caliente el calor que el motor posible entrega a la fuente fría.

En síntesis

La violación del principio de K.-P. implica la violación del principio de Clausius y viceversa.

Demostremos ahora lo que ocurre si suponemos que no se cumple el enunciado de Carnot, en el punto que afirma que "todas las máquinas que funcionan reversiblemente entre las mismas 2 fuentes poseen igual rendimiento".

Para ello supongamos 2 máquinas motrices A y B tal que el rendimiento de la B sea mayor. En las figs.1-57 se han elegido valores tales que

$$W_A = W_B \qquad y \qquad \eta_A = 40\%, \qquad \eta_B = 50\%$$

Como son reversibles, podemos invertir la de menor rendimiento para que funcione como refrigerador (posible) y utilicemos la de mayor rendimiento para hacer funcionar al refrigerador. El balance energético nos dice que el conjunto logra bombear calor de la fuente fría a la caliente Sin Recibir trabajo del medio exterior, es decir, se viola el enunciado de Clausius.

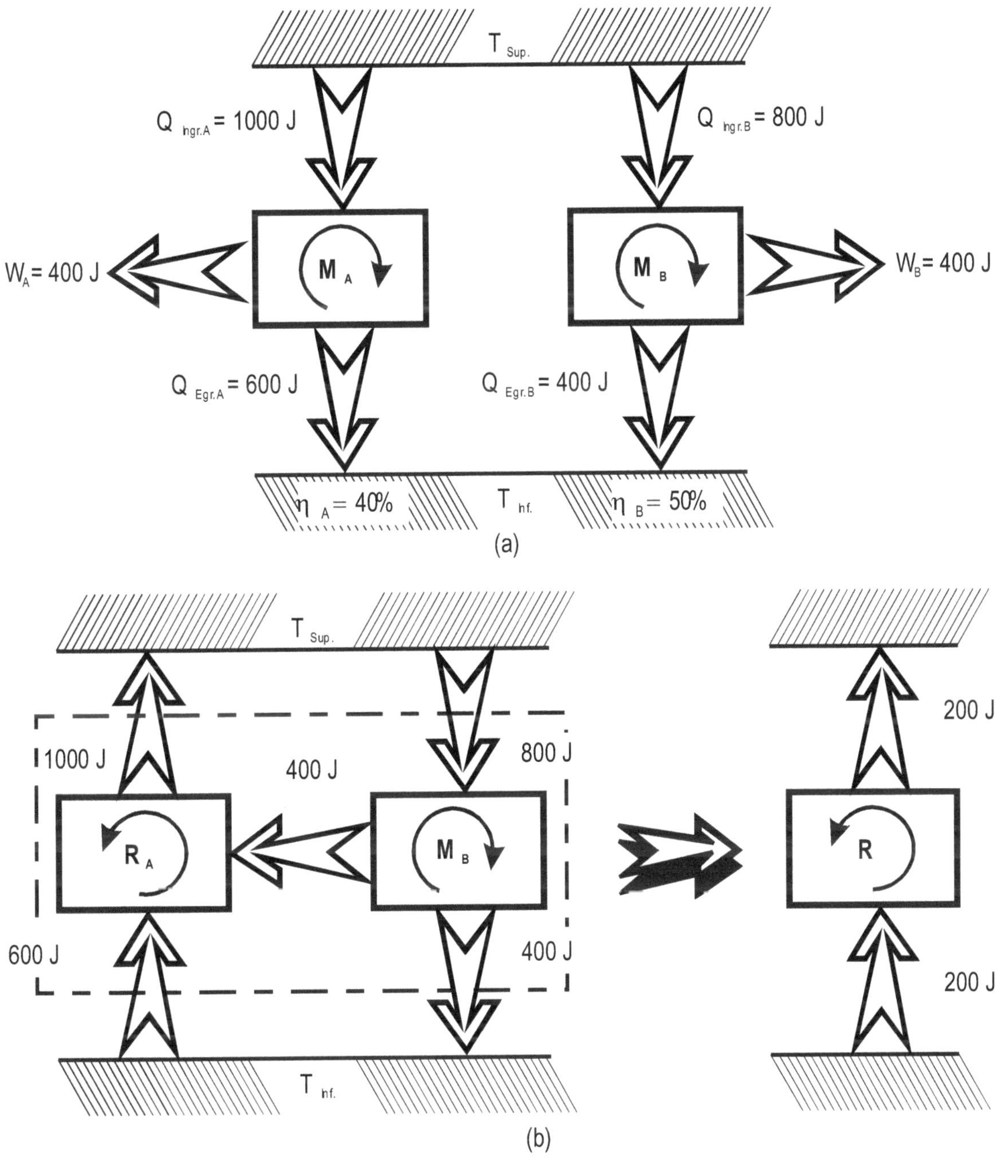

Figuras 1-57

En cambio, si el motor de menor rendimiento fuese irreversible no es posible invertirlo para que sea refrigerador: el conjunto funcionaría como un motor posible irreversible, **sin violar ningún principio** (figs.1-58).

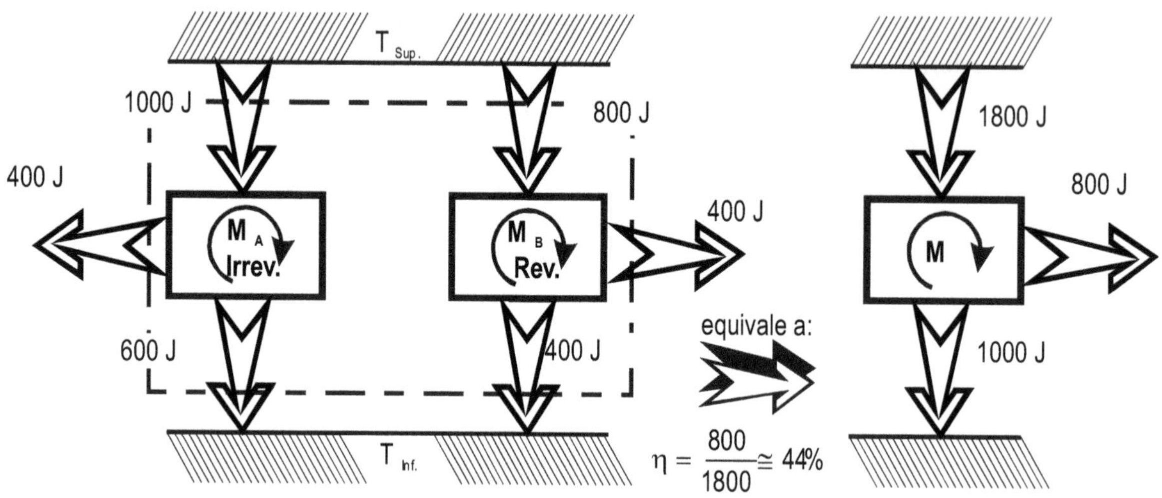

Figura 1-58

Demuestre el alumno que aún invirtiendo el ciclo de B (pues es reversible), utilizando el motor irrev. A para hacer funcionar al refrig. B no se viola ningún principio (el conjunto sólo hace pasar calor naturalmente de la F. cal. a la F. fría (200j).

Nota: el enunciado de Carnot afirma que estos resultados no dependen del fluido o sustancia que constituye al sistema. Nosotros hemos demostrado que el rendimiento del ciclo de Carnot reversible es $\eta_{C_{rev}} = 1 - \frac{T_{\inf}}{T_{\sup}}$ utilizando un ciclo de gas ideal, ahora aceptamos que este rendimiento es válido para cualquier sustancia. En la termodinámica teórica esto tiene gran importancia: demuestra que la temperatura absoluta T (ºK) es una magnitud que debe tener un valor definido independientemente del fluido o sustancia termométrica que se emplee. En efecto, la relación entre 2 valores, por ejemplo $\frac{T_{\inf}}{T_{\sup}}$ es igual a $\frac{Q_{egr}}{Q_{ingr}}$ y es claro que esta última relación no depende de las sustancias. Podemos decir que estamos efectuando una medida energética de la temperatura. Más detalles sobre esta cuestión puede encontrarse en el libro: Termodinámica de Francis W. Sears, pág. 108, tema 7-3.

1.20. Entropía (S)

Trataremos aquí de introducir otra magnitud termodinámica **extensiva y de estado**, que denominaremos **Entropía**, simbolizada en general con S (su variación finita con ΔS y su variación infinitésima con dS).

Arribaremos a ella con el empleo del ciclo de Carnot.

Previamente veamos lo que algunos autores denominan "calores reducidos": si una fuente de temperatura T recibe o entrega una cantidad de calor Q (o δQ), se denomina calor reducido al cociente Q/T (o δQ/T). Veamos lo que ocurre con la suma de los calores reducidos en un ciclo Carnot Reversible.

Hemos demostrado que el rendimiento del ciclo de Carnot reversible es $\eta_{Crev} = 1 - \frac{T_{\inf}}{T_{\sup}}$, además todo rendimiento térmico reversible o no, por definición es $\eta = 1 - \frac{|Q_{egr.}|}{Q_{ingr.}} = 1 + \frac{Q_{egr.}}{Q_{ingr.}}$. (En esta última forma el valor numérico de $Q_{egr.}$ entra con signo -), igualando

$$1 + \frac{Q_{egr}}{Q_{ingr}} = 1 - \frac{T_{\inf}}{T_{\sup}}$$

trasponiendo

$$\frac{Q_{ingr}}{T_{\sup}} + \frac{Q_{egr}}{T_{\inf}} = 0$$

de modo que "la suma de los calores reducidos en un ciclo de Carnot reversible es nula".

Veamos qué ocurre con los calores reducidos para un ciclo reversible pero arbitrario (figs.1-59). Estos ciclos intercambian calor a temperatura variable, pero es posible convencer que un ciclo cualquiera reversible puede ser considerado equivalente a un conjunto de infinitos ciclos de Carnot infinitésimos, sea en la modalidad que se sugiere con la fig.1-59 (a) o la (b).

Consideremos en la modalidad (b) un ciclo de Carnot "infinitamente delgado, como el rayado.

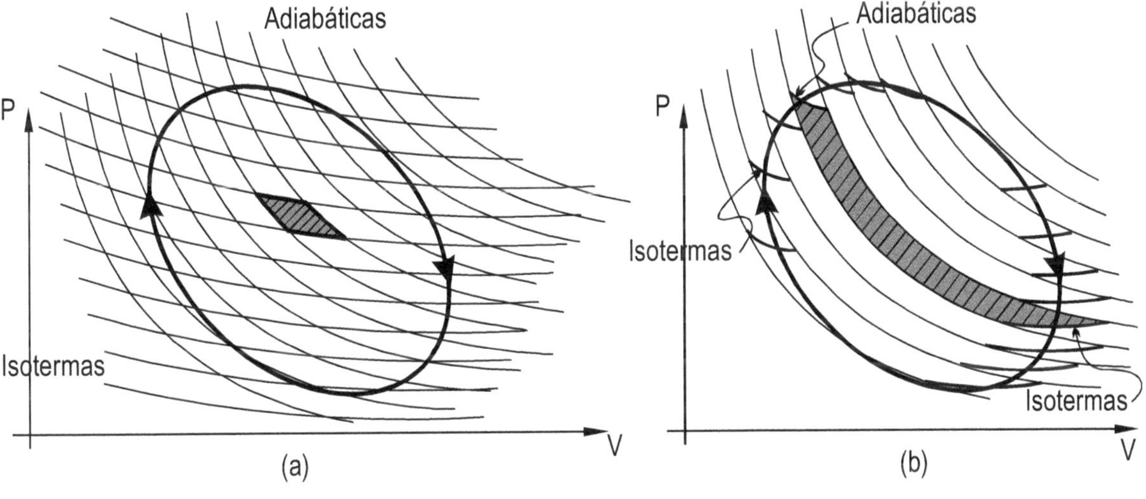

Figura 1-59

En el ciclo rayado se cumple

$$\frac{\delta Q_{ingr.}}{T_{\sup}} + \frac{\delta Q_{egr.}}{T_{\inf}} = 0$$

sumando para todo estos ciclos infinitésimos, es decir, integrando, se tiene

$$\oint \frac{\delta Q_{(rev)}}{T} = 0$$

Esto es cierto para todo ciclo que intercambie calor δQ reversiblemente, a la temperatura T de la fuente correspondiente.

Sabemos que si una integral curvilínea cerrada, de una forma diferencial, es nula cualquiera sea la curva (o ciclo), la forma diferencial que se está integrando es la **diferencial total de alguna función Potencial o de Estado** (algo análogo el alumno pudo ver en electromagnetismo: el campo eléctrico de Coulomb es tal que la integral cerrada $\oint \vec{E}_C . \vec{dr} = 0$, luego $\vec{E}_C . \vec{dr} = -dV$, donde V es un potencial; lo mismo para la gravedad $\vec{g}$.).

Clausius propuso definir

$$dS \triangleq \frac{\delta Q_{rev}}{T} \qquad \text{luego} \qquad \oint dS = 0$$

(aquí no es necesario el signo (-) como en electricidad). S es una función potencial o de estado, es la prometida **entropía** del sistema, en cierto estado. Resta, claro está, que el alumno se familiarice con sus propiedades y utilidades.

Una de las propiedades de la entropía S es que su variación $\Delta S_{1\text{-}2}$ para un sistema que parte del estado de equilibrio (1) y llega al estado de equilibrio (2) no depende de los estados intermedios, es decir, no depende de la transformación que "une" (1) con (2). Dicho de otro modo

$$\Delta S_{1\text{-}2} = S(2) - S(1)$$

sólo depende del estado (2) y (1). Esta propiedad sabemos que es común a toda magnitud de estado, como la energía interna U, la presión p, la temperatura T, etc.

Es más: para el cálculo de $\Delta S_{1\text{-}2}$ se puede elegir cualquier transformación reversible que una (1) con (2) así no tenga nada que ver con la transformación que realmente experimentó el sistema (salvo el punto de partida y el de llegada). Esta transformación real hasta pudo ser irreversible y por ende no representable en general por una curva. Luego veremos ejemplos concretos.

Desde el punto de vista matemático podemos decir que este tema se vincula con las ecuaciones diferenciales que admiten un "factor integrante", es decir, hay formas diferenciales que **no** son el diferencial de una función primitiva, pero que multiplicadas por cierta función (factor integrante), el producto así resulta ser el diferencial de una función primitiva o potencial.

δQ sabemos que no es el diferencial de una función de estado (Q), es decir que Q no está determinado para cierto conjunto de magnitudes de estado (como V, T, p, etc.), pero hemos visto recién que si multiplicamos a δQ por (1/T) resulta que el producto $\left(\frac{\delta Q}{T}\right)$ sí es el diferencial total de una función de estado: la entropía S. Suponemos que δQ es intercambiado entre la fuente y el sistema en forma reversible. Entonces $\left(\frac{1}{T}\right)$ actúa como "factor integrante".

Esta cuestión fue aprovechada por Caratheodory para fundamentar matemáticamente al 2do. Principio.

1.20.1. Entropía en las transformaciones irreversibles

Hemos aceptado ya que el rendimiento de un ciclo que posea al menos una etapa irreversible es menor que el reversible que funcione entre las mismas fuentes, es decir:

$\eta_{irrev.} < \eta_{rev.}$ Para el ciclo de Carnot irreversible tendremos

$$1+\frac{Q_{egr.irr}}{Q_{ingr.irr.}} < 1-\frac{T_{\inf}}{T_{\sup}}$$

trasponiendo resulta

$$\frac{Q_{ingr.irr}}{T_{\sup}}+\frac{Q_{egr.irr}}{T_{\inf}} < 0$$

lo que era cero para los reversibles, resulta menor que cero para los irreversibles.

Nota: por ciclo de Carnot irreversible entendemos que el sistema experimenta, al igual que el reversible, una compresión adiabática 2-3 y una expansión adiabática 4-1, una compresión 1-2 en contacto térmico con una fuente de temperatura uniforme $T_{inf.}$ y una expansión 3-4 en contacto con una fuente de temperatura uniforme T_{sup}, pero no pasa por sucesivos estados de equilibrio con el medio exterior.

Es posible demostrar, con el mismo recurso anterior que para cualquier ciclo irreversible se cumple

$$\oint \frac{\delta Q(irrev)}{T(fuentes)} < 0$$

de modo que para las transf. irreversibles δQ/T ya no es el diferencial de una función de estado, es decir, ya no es dS, ¡cuidado con este concepto!

¿Qué relación tendrá entonces el cociente $\frac{\delta Q_{irrev}}{T}$ con dS?

Veamos: si

$$\oint \frac{\delta Q_{rev.}}{T} = \oint dS = 0 \quad \text{y} \quad \oint \frac{\delta Q_{irrev}}{T} < 0$$

cualquiera sea la curva cerrada, entonces debe ser que $\frac{\delta Q_{irrev}}{T} < dS$

En resumen

$dS \geq \frac{\delta Q}{T}$	el = vale para los reversibles el > vale para los irreversibles

Nota: ¿cómo es posible efectuar una integral curvilínea si hemos afirmado que en rigor las transformaciones irreversibles no son graficables punto a punto? Es posible porque la integral es sobre los calores intercambiados por las fuentes y la temperatura es la de estas fuentes, no la del sistema, que ni siquiera estaría definida, al menos como magnitud uniforme para la masa del sistema.

La igualdad-desigualdad parece que genera algunas confusiones; que quede claro: por ser S magnitud de estado o potencial es

$$\oint dS = 0$$ **siempre, sea o no reversible**

en cambio

$$\oint \frac{\delta Q}{T} \leq 0$$ **(menor que cero para los irrev. e = cero para los reversibles)**

Esta última igualdad-desigualdad se denomina **de Clausius.**

1.21. Transformación adiabática irreversible

Si un sistema está encerrado en un recipiente aislante, adiabático (como un "termo"), es $\delta Q = 0$, luego debe ser $dS \geq 0$.

Si la **transf. adiabática es reversible** es

$$dS = 0 \rightarrow S = cte.$$

es decir, una transf. adiabática reversible es iso-entrópica.

Si la **transf. adiab. es irrev.**, entonces

$$dS > 0$$

es decir, la entropía aumenta (sea expansión o compresión).

1.21.1. Expansión en el experimento de Joule (fig.1-29, pág. 46)

Esta expansión es irreversible y el calorímetro indica que no hay calor intercambiado y que la temperatura inicial es igual a la final.

Se parte de un estado de equilibrio I y se llega irreversiblemente a un estado de equilibrio *F* (fig.1-60), pero la transformación no es representable, salvo el punto I y F.

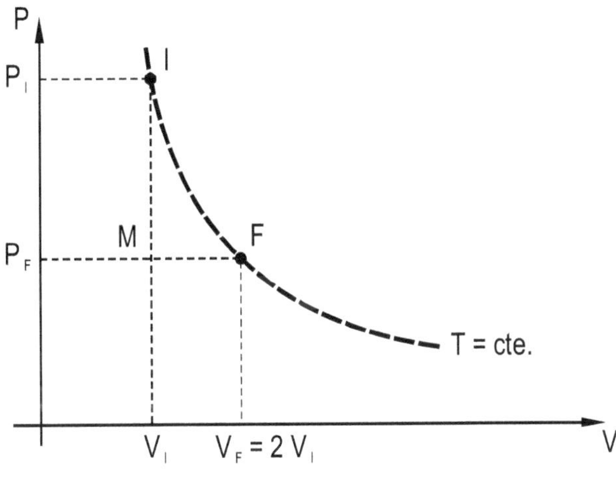

Figura 1-60

Pero como S es función de estado, la variación de entropía

$$\Delta S = S\,(F) - S\,(I)$$

se puede evaluar con **cualquier transformación reversible** (representable por una curva) que una I con F. Ya que $T_I = T_F$ podemos elegir una transformación isotérmica reversible (curva de trazos en la fig.1-60), de gas ideal. Por lo tanto:

$$S(F) - S(I) = \frac{1}{T_I} \cdot \int_I^F \delta Q_{(rev)}$$

por el 1er. Principio es

$$\delta Q_{(rev)} = pdV$$

pues dU = 0 en transf. isotérmicas de gas ideal, luego la integral da el trabajo de I a F, que sabemos es $nRT_I \ln\left(\frac{V_F}{V_I}\right)$, reemplazando resulta:

$$S(F) - S(I) = nR\ln\left(\frac{V_F}{V_I}\right) = nR\ln(2) > 0$$

es decir, la entropía ha aumentado en la "expansión de Joule":

$$S(F) = S(I) + nR\ln(2).$$

Parece algo extraño: al sistema no ingresó ni egresó calor, ni se efectuó trabajo exterior ¡ni varió la energía interna! y sin embargo "esto" que llamamos entropía ha variado, ha aumentado. Al menos estamos comprendiendo que entropía no es energía.

Trate el alumno de calcular $\Delta S_{I\text{-}F}$ por otro "camino", por ejemplo, el I-M-F (fig.1-60), o cualquier otro que prefiera. El resultado siempre será el mismo.

Resaltemos el hecho de que el sistema pasó del estado I al F sin intervención del medio exterior (expansión "espontánea"). ¿Es posible invertir la transformación, es decir, que el sistema parta de F y retorne a I? Espontáneamente no, para ello tendrá que interactuar con el medio exterior: se tendrá que ejercer un trabajo de compresión y si queremos mantener $T_I = T_F$ el sistema tendrá que **entregar** calor al calorímetro, la compresión ya no es adiabática. Como el calor o que egresa del sistema es negativo, y sigue siendo igual al trabajo exterior en valor absoluto (pues $\Delta U_{F,I} = 0$), resulta:

$$\Delta S_{F,I} = S_I - S_F = -nR\left|\ln\left(\frac{V_I}{V_F}\right)\right|$$

es decir, la entropía en esta compresión isotérmica **ha disminuido,** pero vemos que para ello hubo que realizar un trabajo y extraer calor.

1.22. Propiedad de la entropía del "Universo". Enunciado del segundo principio en base al concepto de entropía

Un sistema aislado es aquel que no interactúa con el medio exterior (no intercambia materia, energía ni trabajo). Por lo tanto , un sistema aislado es necesariamente adiabático (no intercambia calor), luego para un sistema aislado también se cumple que $\Delta S_{(sist.aisl.)} \geq 0$ (> para transf. irrev., = para transf. rev. o equilibrio).

Para un sistema no aislado, es posible que $\Delta.S \leq 0$ (por ejemplo, la compresión isotérmica analizada anteriormente).

Aunque sea "imaginativamente" siempre es posible ampliar el estudio de las variaciones de entropía a todos los sistemas y fuentes calóricas que estén interactuando con el sistema original de estudio. Llamaremos "universo termodinámico" o simplemente "universo" al conjunto de sistemas y fuentes en interacción, incluyendo al propio sistema en estudio. **Simplemente el "universo" es un conjunto tal que se puede considerar aislado.** En problemas de ingeniería mecánica, y química, no es necesario considerar todo el universo cosmológico.

Entonces, por la propia definición de universo, debe cumplirse que

$$\Delta S_{(univ.)} \geq 0$$

Si todas las transformaciones que ocurren en él son reversibles (o no ocurren transformaciones) es $\Delta S_{univ} = 0$ (sabemos que esto es ideal). Si por lo menos alguna transformación es irreversible es $\Delta S_{univ} > 0$ (es lo que ocurre realmente).

Esto constituye un modo de enunciar el 2do. Principio. En palabras:

> *"la entropía del universo (sist. + medio ext.) nunca puede disminuir, o aumenta o se mantiene cte.".*

Esto hace que si en un sistema en estudio la entropía disminuye en una cantidad $|\Delta S_{sist}|$, en el medio exterior debe haber aumentado en igual o mayor cantidad:

$$\Delta S_{med.ext.} \geq |\Delta S_{sist}|$$

También se puede escribir el "enunciado entrópico" así:

$$\Delta S_{sist} + \Delta S_{med.ext.} \geq 0$$

Es claro que si aceptamos el principio de la no disminución de la entropía del universo ($\Delta S_{univ} \geq 0$), es fácil comprobar que deben cumplirse los enunciados de Kelvin-Planck, Clausius y Carnot. En efecto: si fuese posible en un ciclo, convertir totalmente en trabajo el calor extraido de una fuente, disminuiría la entropía del universo = fuente + sistema + medio ambiente, pues la fuente "pierde" una cantidad de calor Q a temperatura constante T, de modo que la entropía de la fuente disminuye en la cantidad

$$\Delta S_f = -\frac{|Q|}{T}$$

Por cumplir el sistema motor un ciclo, su entropía no varía $\Delta S_{sist} = 0$ y el trabajo W = Q puede aumentar la energía mecánica del exterior, sin variar la entropía, de modo que:

$$\Delta S_{univ} = \Delta S_f + \Delta S_{sist} + \Delta S_{amb.} = -\frac{|Q|}{T}$$ **¡imposible, pues así disminuye la entropía del universo!**

Según Clausius el paso espontáneo de calor de una fuente fría a otra caliente no es posible. En efecto, si fuese posible se tendría nuevamente una disminución de la entropía:

$$\Delta S_{univ} = \Delta S_{f.cal} + \Delta S_{f.fria} = \frac{|Q|}{T_{sup}} - \frac{|Q|}{T_{inf}} < 0$$

Por último, no es posible tener entre 2 temperaturas extremas T_{sup} y T_{inf} un rendimiento superior al ciclo de Carnot $\left(1 - \frac{T_{inf}}{T_{sup}}\right)$, pues en este caso es

$$1 - \frac{|Q_{egr}|}{Q_{ingr}} > 1 - \frac{T_{inf}}{T_{sup}}$$

o bien

$$\frac{Q_{ingr}}{T_{\sup}} > \frac{|Q_{egr}|}{T_{\inf}}$$

de modo que en la fuente caliente la entropía disminuye en

$$\Delta S_{fcal} = -\frac{|Q_{ing}|}{T_{\sup}}$$

y en al fuente fría aumenta en

$$\Delta S_{ffria} = \frac{|Q_{egr}|}{T_{\inf}}$$

luego

$$\Delta S_{univ} = \Delta S_{f.cal} + \Delta S_{f.fria} < 0$$

Es interesante demostrar que todo motor, funcionando entre los mismos extremos de temperatura T_{sup} y T_{inf} que un Carnot, pero que posea más de 2 fuentes, rinde menos que Carnot. En la fig.1-61 se tiene representado un ciclo simple "romboidal" 1-2-3-4-1, en ejes temperatura-entropía (T-S). Al sistema motor ingresa calor a temperaturas variables de T_3 a $T_4 = T_{sup}$ y de T_4 a T_1 y egresa calor también a temperatura variable de T_1 a $T_2 = T_{inf}$ y de T_2 a T_3.

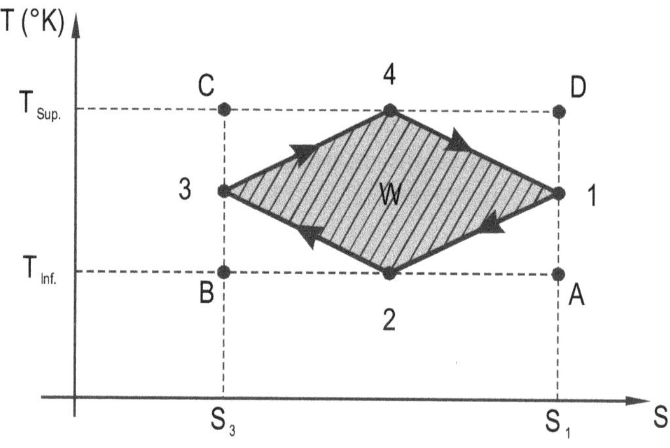

Figura 1-61

Las cantidades de calor están dadas por las áreas bajo las curvas, así como el trabajo en los ejes (P-V). Además, el área encerrada por el ciclo también es trabajo, pues

$$W = Q_{ingr.} - |Q_{egr.}|$$

El rendimiento del ciclo de Carnot ABCDA es, como ya sabemos $\left(1 - \frac{T_{\inf}}{T_{\sup}}\right)$ independientemente del "ancho" $(S_1 - S_3) = \Delta S$. Para calcular el rendimiento del ciclo romboidal de "infinitas" fuentes consideremos valores simples para: $T_{sup} = T_4 = 1000$ (ºK), $T_{inf} = T_2 = 600$ (ºK) y $S_1 - S_3 = 2$ joul/ºK, resulta así:

Rendimiento de Carnot

$$\eta_C = 1 - \frac{600}{1000} = 0,40$$

Rendimiento del romboide

$$\eta_C = \frac{W}{Q_{ingr}} = \frac{\text{area } (1\text{-}2\text{-}3\text{-}4\text{-}1)}{\text{area } (S_3 - 3 - 4 - 1 - S_1)} = \frac{400}{1800} \cong 0,22 \boxtimes 0,40$$

Esto convence que "no conviene" desde el punto de vista del rendimiento, que un motor tenga más de 2 fuentes, pero cuestiones prácticas condujeron al uso de ciclos de más de 2 fuentes.

1.23. Interpretación estadística de la entropía: expresión de Boltzmann

Aunque la entropía está vinculada con la energía y la temperatura, ella misma no es energía: vimos que en la expansión de Joule la entropía aumenta sin necesidad de intercambio de energía, de trabajo ni variación de la temperatura. Esto hace que el concepto de entropía pueda parecer algo "misterioso", pero se logra un entendimiento más profundo con la interpretación molecular-estadística debida a Ludwig Boltzmann. Sin el ánimo de ser riguroso, sólo para dar una idea conceptual lo más breve posible, pensemos otra vez en la expansión de Joule, pero con muy pocas moléculas de gas ¡tan sólo 6!

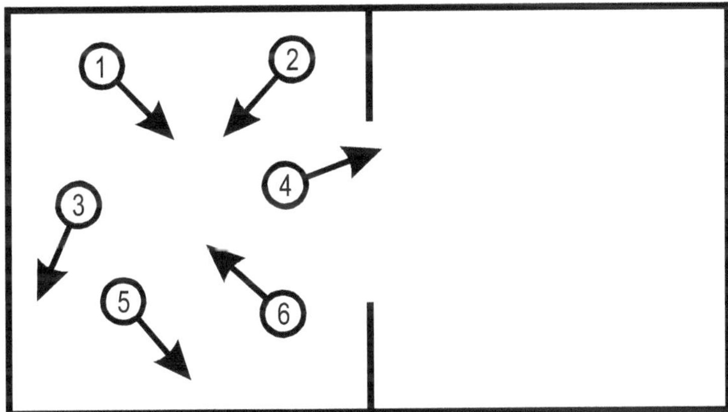

Figura 1-62

En la fig.1-62 se muestra una situación inicial: las 6 moléculas en la mitad izquierda del recipiente y comienza la expansión libre a través del orificio grande que comunica con la mitad derecha. Debido al movimiento desordenado y los choques comenzarán a darse distintas configuraciones a lo largo del tiempo. Supondremos que las moléculas son distinguibles, individualizables, por ejemplo, con números: un simple estudio de combinaciones muestra que el número (Ω) de modos distintos de poseer n_i moléculas en la izquierda y n_d en la derecha, para un total $n = n_i + n_d$ es

$$\Omega = \frac{n!}{n_i!\,n_d!}$$

Ejemplo

Situación inicial

$n_i = 6, n_d = 0$ $\qquad \Omega = \dfrac{6!}{6!0!} = 1 \quad (0! = 1).$

$n_i = 5, n_d = 1$ $\qquad \Omega = \dfrac{6!}{5!1!} = 6$

$n_i = 4, n_d = 2$ $\qquad \Omega = \dfrac{6!}{4!2!} = 15$

$n_i = 3, n_d = 3$ $\qquad \Omega = \dfrac{6!}{3!3!} = 20$

$n_i = 2, n_d = 4$ $\qquad \Omega = 15$, etc.

Vemos que el "reparto" uniforme 3 a la izq. y 3 a la der. posee el mayor número de combinaciones posibles (trate el alumno de verificarlo efectuando las combinaciones).

Establecer que hay n_i moléculas a las izq. y n_d a la der. sin especificar cuáles son, es establecer un **macroestado**, pero si se especifican cuáles son las moléculas que están en cada mitad se especifica un **microestado**. Vemos en este ejemplo sencillo de 6 moléculas que el macroestado 3 y 3 posee el mayor número de microestados que lo hacen posible (Ω = 20). Al número Ω de microestados se le suele denominar impropiamente "probabilidad termodinámica".

Ahora parece evidente que si el sistema está aislado evolucionará hacia el macroestado que mayor número de microestados lo hacen posible: hacia el estado de "mayor probabilidad".

Ludwing Boltzmann encontró que la entropía del sistema en cierto macroestado está dada por:

$$S = k \ln \Omega$$

donde

$$K = \frac{R}{N_A} = 1,38x10^{-23} \frac{\text{joul}}{{}^{\circ}K}$$

es la llamada cte. de Boltzmann. Comprendemos así que el estado (o macroestado) de mayor entropía es el de distribución uniforme de las moléculas en los 2 compartimentos.

"El estado de entropía máxima es el de Equilibrio Termodinámico".

1.24. Variación de la entropía en distintas transformaciones reversibles.

1.24.1. Transformación a volumen cte. (dV = 0)

$\delta Q = mC_v dT$

luego

$$dS = \frac{\delta Q}{T} = mC_v \left(\frac{dT}{T} \right)$$

integrando en un intervalo de temperaturas de T_1 a T_2

$$S_2 - S_1 = m \int_{T_1}^{T_2} C_v \frac{dT}{T}$$

Si C_v se puede considerar constante (como en un gas ideal):

$$S_2 - S_1 = mC_v \ln \left(\frac{T_2}{T_1} \right)$$

1.24.2. Transformación isobárica (dp = 0)

Por el mismo procedimiento anterior tenemos

$$S_2 - S_1 = mC_p \ln \left(\frac{T_2}{T_1} \right) \qquad (C_p = \text{cte.})$$

En general, para una transformación politrópica (C = cte.) es

$$S_2 - S_1 = mC \ln \left(\frac{T_2}{T_1} \right)$$

A veces se prefiere trabajar con magnitudes "por unidad de masa"

$$s = \frac{S}{m} \quad \left(\frac{joul}{{}^{\circ} Kkg} \right).$$

1.24.3. Variación de la entropía para un gas ideal

Se trata de combinar el 1er. Principio $\delta Q = dU + pdV$ ($\delta W^* = 0$), con la ec. de estado $pV = nRT$ y Mayer, $C_p - C_v = R/M$. Pruebe el alumno que se puede hallar, tomando siempre 2 de las 3 variables de estado p, V, T:

(V y T): $$dS = mC_v \left(\frac{dT}{T} \right) + \frac{nR}{M} \left(\frac{dV}{V} \right)$$

(p y T): $$dS = mC_p \left(\frac{dT}{T} \right) - \frac{nR}{M} \left(\frac{dp}{p} \right)$$

(V y p): $$dS = mC_p \frac{dV}{V} + mC_v \frac{dp}{p}$$

1.25. Proceso irreversible: mezcla de "agua fría con caliente"

Es interesante analizar un proceso obviamente irreversible: la mezcla de 1 Kg de agua caliente (por ej. a $T_{sup} = 373$ ºK ≅ 100º C) con 1 Kg de agua fría (por ej. a $T_{inf} = 273$ ºK ≅ 0º C), ambos vertidos dentro de un recipiente adiabático y rígido, así constituyen un sistema aislado (fig.1-63a)). También será lo mismo poner en contacto ambas masas de agua a través de una pared A-B conductora (fig.1-63(b)).

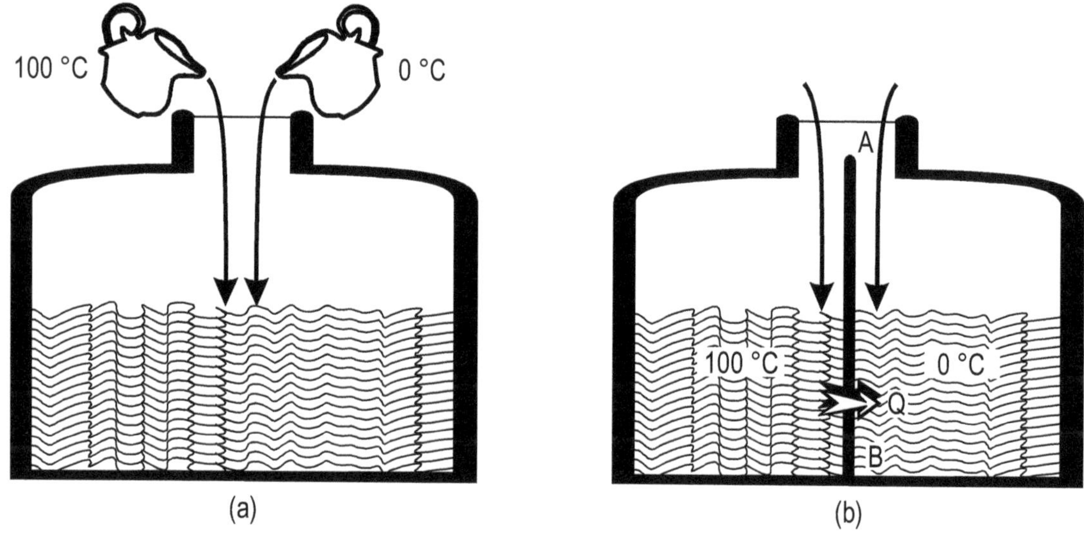

Figuras 1-63

Tanto en la situación de fig.1-63 (a) como en (b) el equilibrio ocurre para la temperatura

$$T_E = \frac{T_{\sup} + T_{\inf}}{2} = 323^{\circ} K = 50^{\circ} C$$

en efecto, suponiendo que el calor específico del agua líquida $C_p \approx C_v$ no varía durante el proceso (cosa prácticamente aceptable) se tiene: calor entregado por el agua caliente a la fría:

$$|Q_{ent.}| = C_p.m.\left(T_{\sup} - T_E\right)$$

este calor lo recibe el agua fría

$$|Q_{recib}| = |Q_{ent.}| = C_p m\left(T_E - T_{\inf}\right)$$

luego

$$\left(T_{\sup} - T_E\right) = \left(T_E - T_{\inf}\right) \rightarrow T_E = \frac{T_{\sup} + T_{\inf}}{2}$$

Por otro lado, siendo la entropía Función de Estado, su variación puede ser calculada por cualquier transf. **reversible** que ocurra entre los mismos estados de equilibrio inicial y final. Calculemos la variación de entropía del sistema de 2 Kg calculando la variación de cada kilogramo, suponiendo que el proceso fue isobárico reversible. Así tenemos:

Variación de entropía del agua caliente:

$$\Delta S_{cal} = mC_p \ln\left(\frac{T_E}{T_{\sup}}\right) \cong 1Kg.4180\frac{joul}{Kg^o K}\ln\left(\frac{323}{373}\right)$$

$$\Delta S_{cal} = -603\, joul/^o K$$ (la entropía disminuye)

Variación de entropía del agua fría:

$$\Delta S_{fria} = mC_p \ln\left(\frac{T_E}{T_{\inf}}\right) \cong 1Kg.4180\frac{joul}{Kg^o K}\ln\left(\frac{323}{273}\right)$$

$$\Delta S_{fria} = 704\frac{joul}{^o K}$$ (la entropía aumenta)

La variación para todo el sistema es:

$$\Delta S_{tot.} = \Delta S_{cal} + \Delta S_{fria} = 101\frac{joul}{^o K}$$

el decir en el proceso de mezclado o de contacto térmico hasta el equilibrio, la entropía ha aumentado.

Es claro que por sí solo los 2 Kg de agua "tibia" no se separarán en 1 Kg a 100° C y 1 Kg a 0° C, el proceso es irreversible.

Podemos hablar de "grados de irreversibilidad" dados por ΔS: si recalculamos suponiendo inicialmente una diferencia de temperatura entre el agua caliente y fría menor que la anterior, $\Delta S_{tot.}$ resultará menor. Si $T_{sup} \rightarrow T_{inf}$, $\Delta S \rightarrow 0$, es decir, el proceso se acerca a lo reversible.

Para finalizar, podemos resumir las propiedades sobresalientes de la entropía S:

1) la entropía es magnitud extensiva (depende de la masa del sistema) y es de estado, es decir, para cualquier ciclo reversible o no es $\oint dS = 0$.

2) En un sistema aislado o en el "universo" = sistema + medio ambiente, la entropía no puede disminuir: si los procesos son reversibles permanece constante, si al menos uno es irreversible (casos reales), aumenta.

3) En un sistema aislado cuando ocurran transformaciones la entropía tiende a un valor máximo.

4) El equilibrio estable se alcanza cuando la entropía es máxima.

5) La entropía es proporcional al logaritmo "natural" del número Ω de microestados que determinan cierto macroestado: $S = k \ln \Omega$. A Ω se le suele denominar "probabilidad termodinámica".

Notas:

a) existen tablas de entropía de elementos y compuestos químicos evaluados desde T = 0 °K a T_0 = 298 °K (25 °C) (ver Termodinámica Química Elemental de Bruce Mahan).

b) en informática también se utiliza un concepto de "entropía de una fuente de información", en "bits". Ver teoría de la Información y Codificación de Norman Abramson.

c) Si un sistema realiza un **ciclo irreversible** (parte de un estado y llega al mismo estado) es $\oint_{sist.} dS = 0$, pero la **variación de la entropía** del medio ambiente no puede ser cero, pues se debe cumplir con $\Delta S_{univ} > 0$, de modo que el universo **no puede efectuar un ciclo**, es decir, partir de un estado y llegar al mismo estado. Dicho de otro modo, siempre quedará "una huella", una modificación en el medio ambiente del sistema.

1.26. Propagación del calor

Ya hemos aceptado que si entre 2 (o más) sistemas A y B hay diferencia de temperatura, se propaga energía calórica entre ellos. Si $T_A > T_B$, el calor fluye de A hacia B. (Se pueden distinguir 3 formas diferentes de propagación (figs.1-64 (a), (b), (c)).

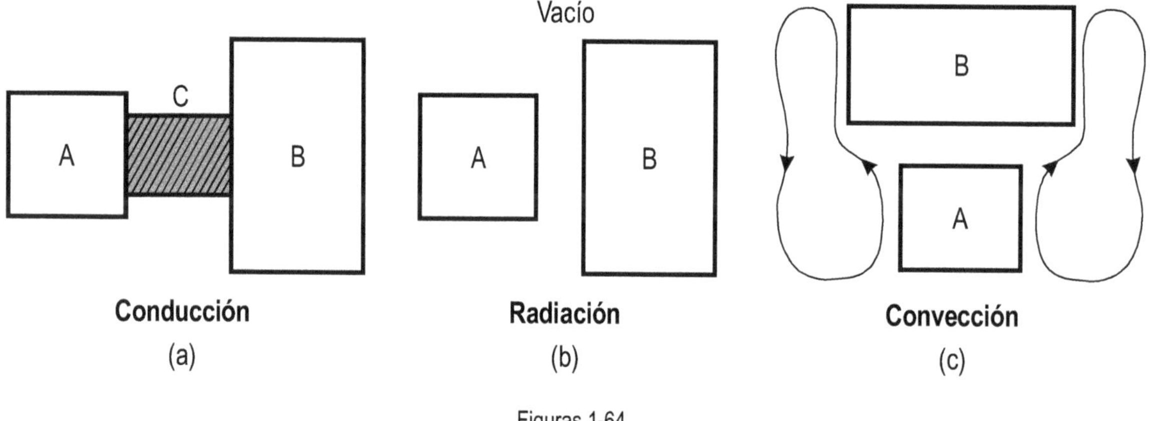

Figuras 1-64

En (a) tenemos entre A y B un cuerpo conductor C en contacto con A y B. El calor fluye de A hacia B a través de dicho cuerpo. Tenemos así la propagación por Conducción.

En (b) los sistemas A y B están en el Vacío, sin embargo el calor también puede fluir de A hacia B, decimos que tenemos propagación por Radiación.

En (c) los sistemas A y B están sumergidos en un fluido (gas o líquido): el fluido calentado por A disminuye su densidad y asciende, a la vez que es reemplazado por fluido frío, generándose corrientes, tenemos así la propagación por Convección. Es claro que aquí también se tendrá conducción a través del fluido. En general se suelen combinar las 3 formas, salvo en el vacío.

Si no se “trabaja” para mantener la diferencia de temperatura, es claro que se producirá el equilibrio térmico, es decir, se llegará a la igualdad $T_A = T_B$.

Es interesante señalar que en rigor tanto el cuerpo conductor C en (a), como el fluido en (c) deben ser considerados elementos del medio ambiente de los sistemas A y B y no partes del sistema, pues de lo contrario caeríamos en la contradicción de considerar al calor como energía contenida por el sistema.

De incluirlos, deberíamos hablar de propagación de energía interna de una parte del sistema a la otra, y no de calor.

Estudiaremos con algún detalle cada propagación

1.26.1. Conducción

Para comenzar consideremos una conducción unidimensional (fig.1-65). Para ello A y B están conectados por un cuerpo conductor C homogéneo, envuelto por un material supuesto idealmente no conductor o aislante. Además, cada sección recta S, incluyendo los extremos poseen temperatura uniforme, no así, claro está, a lo largo del eje del conductor (eje x). Consideremos que se mantiene la diferencia de temperatura ($T_A - T_B$), a costa de algún gasto de energía. Supuesta esta situación establecida desde hace suficiente tiempo se logra la conducción estacionaria del calor, es decir que la cantidad de calor δQ que pasa por cualquier sección S, en un intervalo de tiempo dt es igual para todas las secciones a lo largo del eje x. A la magnitud

$$\left(\frac{\delta Q}{dt}\right)\left(\frac{cal}{seg},\frac{joul}{seg}=watt\right)$$

la denominaremos “flujo calórico” y a

$$\left(\frac{\delta Q}{Sdt}\right)\left(\frac{cal}{m^2 seg},\frac{watt}{m^2}\right)$$

la denominaremos “densidad de flujo”.

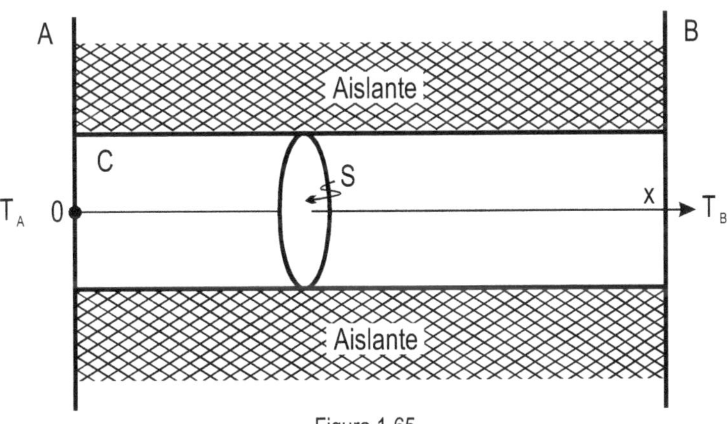

Figura 1-65

En la fig.1-66 se muestra una sección S y un dS: a través de dS pasará una menor cantidad de calor, indiquemos con $\delta^{(2)}Q$ (diferencial de 2do. Orden) a dicha cantidad. La densidad de flujo calórico en dS es

$$\left(\frac{\delta^{(2)}Q}{dSdt}\right)$$

y bajo el supuesto de homogeneidad del material y uniformidad de temperatura por sección, se cumple

$$\frac{\delta^{(2)}Q}{dSdt} = \frac{\delta Q}{Sdt}$$

es decir, la densidad de flujo puntual es igual a la media.

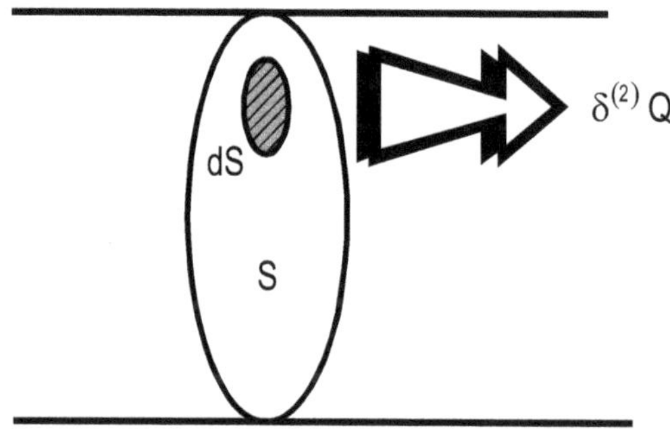

Figura 1-66

Ley de Fourier

Entre 2 secciones infinitamente próximas, a distancia dx, existirá una diferencia de temperatura dt. Fourier enunció una ley por lo demás evidente: "La densidad de flujo calórico es proporcional al gradiente de temperatura", matemáticamente expresado se tiene:

$$\frac{\delta^{(2)}Q}{dSdt} = -k\frac{dT}{dx}$$

El signo menos indica que el flujo tiene el sentido de circulación hacia las secciones de menor temperatura. El coeficiente k se denomina "conductividad térmica": depende del material y en rigor de su estado termodinámico (temperatura, presión, fase). Para cierta fase (sólida, líquida o gaseosa), en intervalos no muy amplios de temperatura (por ejemplo, alrededor de la ambiente), puede tomarse como una constante del material. Esto es análogo a la conductividad eléctrica б. Es más, existe una relación entre б y k en los metales (ley de Wiedemann-Franz) dada por

$$\frac{k}{бT} = 2,23x10^{-8}\left(\frac{\text{Volt}}{{}^{\circ}K}\right)^2$$

Las unidades S.I. de k son deducibles de la ley de Fourier

$$[k] = \frac{Watt}{m\ K}$$

o bien en unidades técnicas o "prácticas"

$$[k] = \frac{kCal}{seg.m.^{o}C} = (U.P.)$$

Materiales que poseen valores de k del orden de 10^{-4} a 10^{-6} (U.P.) son considerados Aislantes y del orden de 10^{-2}, 10^{-3} (U.P.) son conductores, por ejemplo los metales.

Damos algunos valores válidos alrededor de los 20º C:

Cobre: k = 9,2 x 10^{-2} U.P.

Aluminio: k = 4,9 x 10^{-2} U.P.

Latón: k = 2,6 x 10^{-2} U.P.

Acero: k = 1,1 x 10^{-2} U.P.

Nota: multiplicando estos valores por 3,6 x 10^{3} pasamos a $\frac{kCal}{hora.m^{o}C}$ (también llamadas U.P.).

La plata es el mejor conductor: k ≈ 10^{-1} U.P.

Como aislantes:

Amianto: k = 2 x 10^{-5} U.P.

Hormigón: k = 2 x 10^{-4} U.P.

Los gases son aún "más aislantes", por ej., alrededor de 0º C y p = 1 Atm.:

Aire: k = 5,7 x 10^{-6} U.P., etc.

Variación de la temperatura a lo largo del eje x

Bajo las condiciones supuestas al comenzar este tema, se tiene:

$$\frac{\delta Q}{Sdt} = -k\frac{dT}{dx}, \quad dT = -\left(\frac{\delta Q}{kSdt}\right)dx$$

integrado entre 0 y x, llamando con T a la temperatura en el punto x:

$$\int_{T_A}^{T} dT = -\left(\frac{\delta Q}{kSdt}\right)\cdot\int_0^x dx$$

luego

$$T = T_A - \left(\frac{\delta Q}{kSdt}\right)$$

es decir, la temperatura disminuye linealmente a lo largo del cuerpo conductor. Si l es la longitud del cuerpo, se tiene

$$T_B = T_A - \left(\frac{\delta Q}{kSdt}\right).l$$

de modo que el flujo es

$$\frac{\delta Q}{dt} = \frac{kS}{l}(T_A - T_B)$$

Hasta ahora hemos trabajado en una dimensión (eje x). Podemos generalizar a 3 dimensiones y utilizar vectores. Antes que nada, el gradiente de temperatura es

$$\frac{\partial T}{\partial x}\vec{i} + \frac{\partial T}{\partial y}\vec{j} + \frac{\partial T}{\partial z}\vec{k}$$

y se puede anotar como grad T = ∇T.

En la fig.1-67 se muestra al vector gradiente de temperatura en un punto del material. Este vector está determinado en módulo, dirección y sentido por las condiciones particulares a que está sometido el material. En la figura se muestran además dos secciones dS_1 y dS_2 de igual área, pero dS_1, tal que su normal $\vec{n}_1$ coincide con la dirección del grad. T y dS_2 tal que $\vec{n}_2$ forma un ángulo θ cualquiera. Las secciones se "ven de filo".

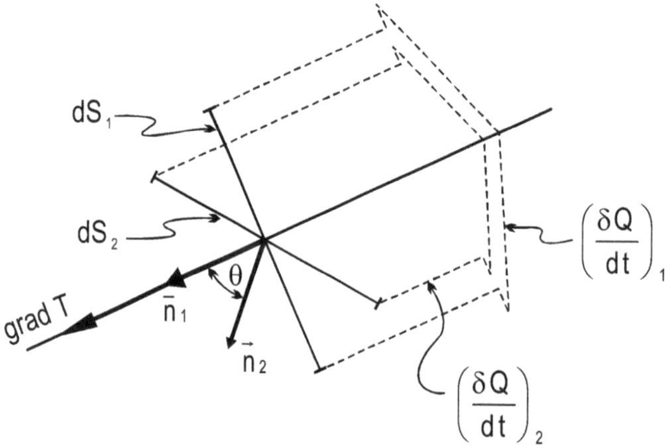

Figura 1-67

El máximo flujo $\left(\frac{\delta Q}{dt}\right)_1$ se tiene para dS_1. El flujo, indicado con flechas gruesas, de trazos, disminuye al inclinarse la sección. Para θ = π/2 se anula, es decir, no hay flujo de calor perpendicular al gradiente. Por todo lo dicho, se puede afirmar, utilizando el producto escalar entre el vector $\vec{n}$ y el gradiente:

$$\frac{\delta Q}{dt} = -k\left(gradT\right).\vec{n}dS$$

o también haciendo $\overrightarrow{dS} = \vec{n}dS$

$$\frac{\delta Q}{dt} = -k\left(\nabla T\right).\overrightarrow{dS}$$

Es la ley de Fourier de la conducción para un caso 3-dimensional. Para el caso unidimensional, de eje x

$$\nabla T = \frac{dT}{dx}\vec{i} \qquad \overrightarrow{dS} = dS\vec{i}$$

Conductores en serie

En la fig.1-68 se muestran dos conductores C_1 y C_2 en serie, de conductividades k_1, k_2 y longitudes l_1, l_2 respectivamente, de iguales secciones recta S. Alcanzado el estado de régimen es

$$\left(\frac{\delta Q}{Sdt}\right)_1 = \left(\frac{\delta Q}{Sdt}\right)_2 = \left(\frac{\delta Q}{Sdt}\right)$$

En base a esta idea y llamando T_1, a la temperatura de la sección de contacto entre C_1 y C_2 se tiene:

para C_1

$$\frac{\delta Q}{Sdt} = \frac{k_1}{l_1}\left(T_A - T_1\right) \rightarrow T_A - T_1 = \frac{l_1}{k_1}\left(\frac{\delta Q}{Sdt}\right)$$

para C_2

$$\frac{\delta Q}{Sdt} = \frac{k_2}{l_2}\left(T_1 - T_B\right) \rightarrow T_1 - T_B = \frac{l_2}{k_2}\left(\frac{\delta Q}{Sdt}\right)$$

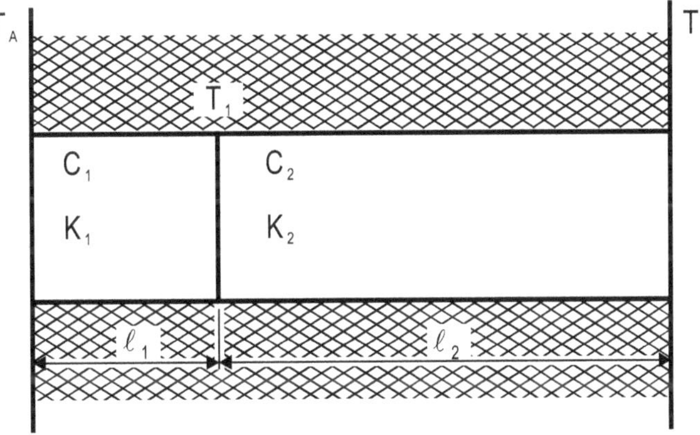

Figura 1-68

Sumando m.a.m. para eliminar la temp. T_1 de la sección "inaccesible" de contacto:

$$T_A - T_B = \left(\frac{l_1}{k_1} + \frac{l_2}{k_2}\right)\left(\frac{\delta Q}{Sdt}\right)$$

es decir

$$\frac{\delta Q}{Sdt}=\frac{(T_A-T_B)}{(l_1/k_1+l_2/k_2)}$$

Si queremos reemplazar a los dos conductores por uno equivalente térmicamente, deberá ser, llamado con $l = l_1 + l_2$:

$$\frac{(T_A-T_B)}{\left(\frac{l_1}{k_1}+\frac{l_2}{k_2}\right)}=\frac{k(T_A-T_B)}{l}$$

o sea

$$K=\frac{l}{l_1/k_1+l_2/k_2}$$

Vemos que K no sólo depende de los materiales de C_1 y C_2 sino también de las longitudes: si $l_1 = l_2 = l/2$ resulta

$$k=2\left(\frac{k_1k_2}{k_1+k_2}\right)$$

Flujo radial en un tubo

Sea un tubo de radio interior r_i y exterior r_e (fig.1-69) T_i la temperatura interior y T_e la exterior (aquí suponemos $T_i > T_e$, por ej. en tubos de calefacción de ambientes).

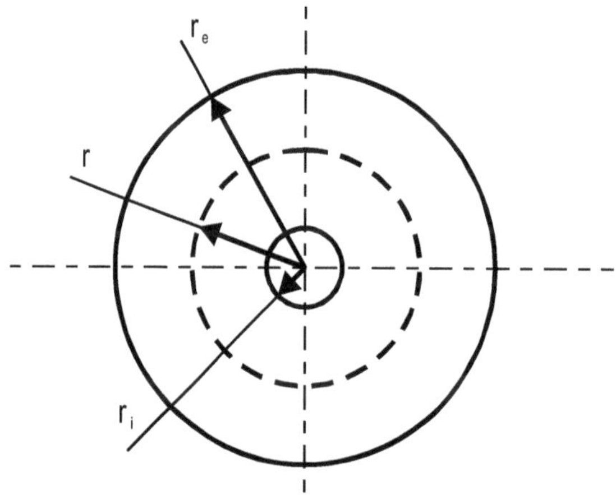

Figura 1-69

La dirección interesante es la radial r, se tiene un gradiente $\left(\frac{dT}{dr}\right)$. El flujo en régimen estacionario es el mismo para todas las superficies cilíndricas (de radio r) coaxiales con el tubo, no así la densidad de flujo pues las áreas crecen con el radio, para una longitud l de tubo se tiene que la densidad de flujo es

$$\frac{\delta Q}{2\pi r l dt}$$

esta cantidad es proporcional al gradiente de temperatura:

$$\frac{\delta Q}{2\pi r l dt} = -k\frac{dT}{dr}$$

Veamos la variación de la temperatura con r

$$dT = -\left(\frac{\delta Q}{2\pi k l dt}\right).\frac{dr}{r}$$

El paréntesis contiene lo que no depende de r, integrando:

$$T_e - T_i = -\left(\frac{\delta Q}{2\pi k l dt}\right)\ln\left(\frac{r_e}{r_i}\right)$$

o bien

$$T_i - T_e = \left(\frac{\delta Q}{2\pi k l dt}\right)\ln\left(\frac{r_e}{r_i}\right)$$

despejando el flujo calóricos por unidad de longitud de tubo:

$$\frac{\delta Q}{l dt} = 2\pi k\left(\frac{T_i - T_e}{\ln(r_e / r_i)}\right)$$

Trate el alumno de calcular el flujo para el caso de 2 o más tubos coaxiales ("encamisados").

1.26.2. Convección

No estamos en condiciones de profundizar sobre este tema pues necesitaríamos más información técnica y aplicaciones de dinámica de fluidos. Sólo comentaremos la relación empírica debida a Newton, entre la temperatura de una pared de material sólido y la temperatura de una masa fluida en contacto con ella: en la fig.1-70 tenemos un espacio "semiinfinito" ocupado por un sólido a temperatura T_S en su frontera o superficie de contacto y un espacio "semiinfinito" ocupado por un fluido (líquido o gas)

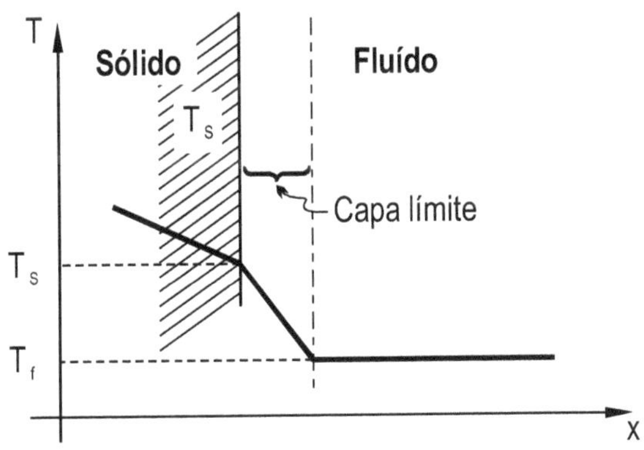

Figura 1-70

Otra vez suponemos que se tiene un régimen estacionario de flujo calórico. Las corrientes de convección del fluido, libres o forzadas hacen que podamos considerar constante la diferencia de temperatura entre el sólido y el fluido: a cierta distancia del sólido podemos además considerar una temperatura uniforme del fluido T_f, aquí supuesta menos que T_S. En general existe una "capa o lámina" de fluido donde se produce el gradiente de temperatura, es la denominada "capa límite" donde el fluido posee poca velocidad de corrientes de convección. En la fig.1-70 se muestra el gráfico de temperatura en función de x, con el eje x normal a la superficie del sólido.

Según Newton se tiene

$$\frac{\delta Q}{Sdt} = h\left(T_s - T_f\right)$$

donde h es el coeficiente de convección. Lejos de ser constante, depende de muchas variables: velocidad del fluido, régimen laminar o turbulento (nº de Reynolds), conductividad, temperatura, viscosidad, estado físico de la superficie ("acabado"), etc. Es en estos detalles donde no entraremos. Es claro que

$$\left[h\right] = \frac{Watt}{m^{2\,o}K} \text{ o } \frac{Kcal}{m^2 seg^o C} \text{ o } \frac{Kcal}{m^2 hora^o C}$$

1.26.3. Propagación por radiación

La experiencia muestra que un cuerpo o sistema A a mayor temperatura que otro B puede hacer que éste aumente su temperatura a pesar de no existir un medio ambiente material entre ellos: pensemos en la energía recibida por nuestro planeta emitida por el Sol. Se trata en definitiva de **energía electromagnética.**

Toda materia que no se encuentre en el cero absoluto emite energía electromagnética, aunque también simultáneamente la absorbe al recibirla de otros cuerpos. Supuesto que los cuerpos están en equilibrio mecánico y químico, pero no inicialmente en equilibrio térmico, intercambiarán energía hasta quedar en equilibrio térmico: el cuerpo más caliente emite más de lo que absorbe y se enfría, viceversa, el más frío absorbe más de lo que emite y se calienta, hasta que se logra el equilibrio térmico, en esta situación cada cuerpo emite tanto como absorbe. Reacciones químicas (como la combustión) y nucleares (como en el Sol, reactores) hacen que no se logre momentáneamente el equilibrio térmico.

¿Por qué la materia emite energía? La emisión debe atribuirse a los cambios de estado energético de los átomos (cambios cuánticos): los átomos al pasar de un nivel de energía superior a otro inferior emiten **fotones** (cuantos de energía electromagnética). La absorción es el proceso inverso.

Desde un punto de vista clásico se supone que las cargas eléctricas que constituyen la materia, al oscilar, emiten ondas electromagnéticas de diversas frecuencias. Así, tanto desde un punto de vista cuántico como clásico, la radiación del calor no es otra cosa que radiación electromagnética de ciertas frecuencias y características que luego detallaremos. No se denomina calor a la energía electromagnética emitida por una antena de radio o TV. Luego el alumno comprenderá mejor estas distinciones.

Tampoco se considera la radiación de luminiscencia por Fosforescencia y Fluorescencia.

Hay que distinguir entre emisores y absorbedores Selectivos de aquellos No Selectivos o Continuos. Selectivos son aquellos que emiten y absorben en determinadas bandas estrechas de frecuencias. Ejemplo: los gases emiten y absorben de este modo, decimos que poseen un **espectro discontinuo o de rayas.** Es claro que cualquier sustancia puede ser llevada al estado gaseoso: por ejemplo el hierro, vaporizado por descargas eléctricas, emite un espectro de rayas complicado.

Radiadores no selectivos o continuos son aquellos que emiten y absorben en todas las frecuencias, aunque no con igual intensidad. Decimos que poseen un espectro continuo. Los sólidos y líquidos se comportan de ese modo.

Esto es así debido a la gran interacción entre los átomos, interacción que multiplica enormemente los niveles de energía, hasta dar un espectro de distribución continua de los niveles.

Aquí trataremos a estos últimos. Para ello hay que definir previamente algunas magnitudes usuales.

Cuando sobre un trozo de materia incide cierta potencia (P), fig.1-71, parte se refleja (P_R), parte se absorbe (P_A) y parte se transmite (P_T).

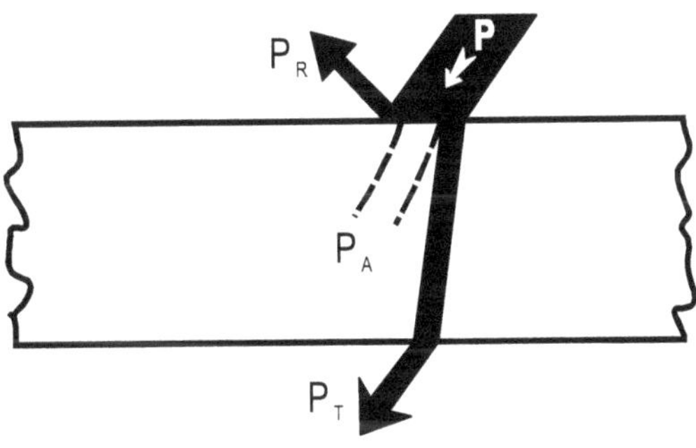

Figura 1-71

Podemos definir los siguientes coeficientes:

$r \triangleq \frac{P_R}{P}$ **de reflexión o dispersión**

$a \triangleq \frac{P_A}{P}$ **de absorción**

$t \triangleq \frac{P_T}{P}$ **de transmisión**

es claro que r + a + t = 1

Si la potencia incidente fuese constituida por radiación monocromática, es decir, de cierta frecuencia f (o longitud de onda λ), la experiencia mostraría que los valores de r, a, t dependen de f, amén del material, acabado de la superficie y temperatura.

Para estudiar en detalle esta cuestión se definen coeficientes "espectrales" apropiados:

Radiancia espectral o poder emisivo espectral $\Re(f,t)$

Dada una superficie de área (dS), de cierto material, a temperatura (T), fig.1-72, emite radiación electromagnética de potencia (dP), con un rango de frecuencias más o menos amplio. Aquí supondremos que en esa radiación hay frecuencias de ≈ 0 a ∞, pasando por todos los valores en forma continua.

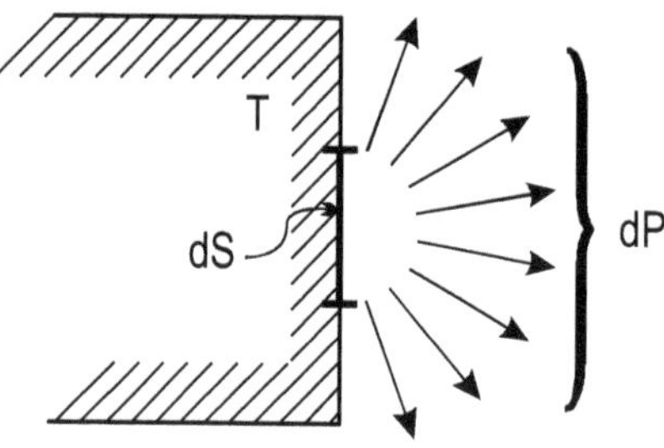

Figura 1-72

Si pensamos en esas ondas mezcladas, clasificadas por "bandas" de igual ancho, por ej. de 10 en 10 Hz, las mediciones muestran que las potencias parciales asociadas a las distintas bandas no son iguales, a pesar de la igualdad de los anchos de bandas. Dicho de otro modo: la distribución de la potencia con la frecuencia no es uniforme.

Para caracterizar a esta distribución se define la radiancia espectral $\Re(f,t)$ así:

$$\Re(f,t) \triangleq \frac{d^{(2)}P}{dSdf}\left(\frac{Watt}{m^2 Hz}\right)$$

o bien en base a la longitud de onda

$$\Re(\lambda,T) \triangleq \frac{d^{(2)}P}{dSd\lambda}\left(\frac{Watt}{m^2 nm}\right)$$

donde nm = nano metro = 10^{-9} m = 10 Å. Hemos escrito $d^{(2)}$ para indicar un diferencial de 2do. Orden de la potencia P, pues estamos hablando de un área diferencial (dS) y de una banda de ancho (df).

Para hallar la potencial total P habría que hacer una doble integral: para todas las frecuencias y para toda el área.

También se ha explicitado, al poner $\Re(f,T)$, que la radiancia espectral es función de la frecuencia y de la temperatura, amén del material y del acabado de las superficies. En la fig.1-73(a) se muestra cualitativamente la radiancia espectral en función de la frecuencia para un gas (espectro discontinuo o de "rayas").

En la fig.1.73(b) se tiene el caso de un sólido o líquido (espectro continuo), para cierta temperatura T.

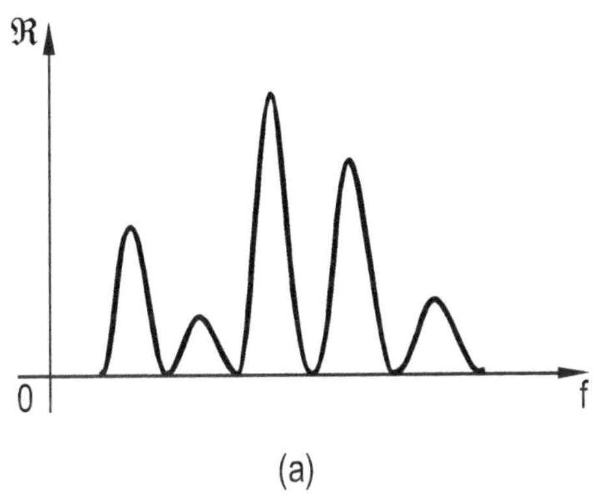

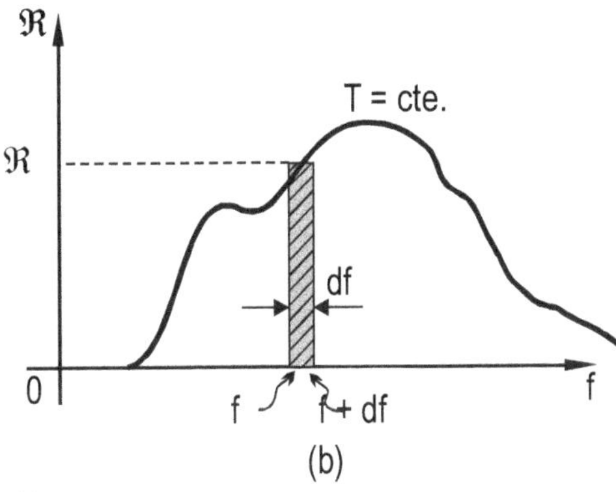

Figuras 1-73

Si pensamos en la banda (f, f + df), de ancho df, la potencia asociada a ella está dada por el área de la faja rayada

$$\Re df = \frac{d^{(2)}P}{dS}\left(\frac{Watt}{m^2}\right)$$

Para todas las frecuencias es

$$\frac{dP}{dS} = \int_0^\infty \Re(f,T)\,df\left(Watt/m^2\right)$$

es decir, el área total bajo la curva. Esta área debe ser "finita". Se suele denominar a $\frac{dP}{dS}$ "radiancia integral". Es, claro está, sólo función de T.

Volveremos luego sobre esto.

Coeficiente de absorción o absortividad espectral A (f,T)

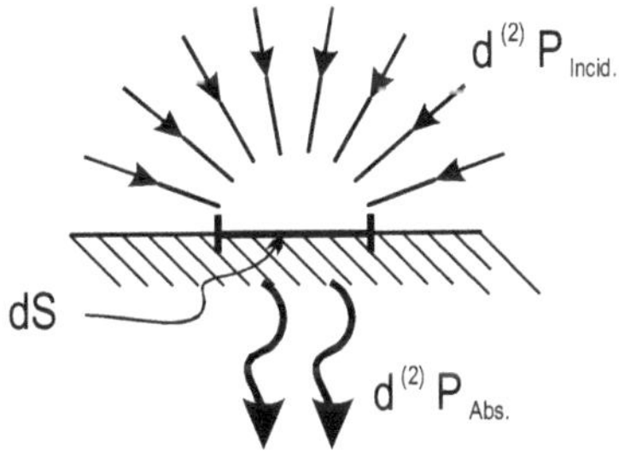

Figura 1-74

Por definición es

$$A(f,T) \triangleq \frac{\text{potencia absorbida entre (f y f + df)}}{\text{potencia incidente entre (f y f + df)}}$$

$$A(f,T) \triangleq \frac{d^{(2)}P_{abs}(f, f+df)}{d^{(2)}P_{inc}(f, f+df)} \qquad \text{(adimensional).}$$

Se denomina Cuerpo Negro a un cuerpo ideal tal que A = 1 para toda f y temperatura, es decir, un cuerpo que absorbe toda la radiación incidente. Las superficies con negro humo (u hollín), negro de óxido de platino, se acerca al valor A = 1.

Radiador de Cavidad

La mejor forma de lograr un equivalente al cuerpo negro es con un cuerpo hueco, de material opaco, con un pequeño orificio (fig.1-75). Si por ejemplo el material es de coef. de reflexión r, de absorción integral (a y t) = 0 (opaco), al ingresar radiación por el orificio se producen múltiples reflexiones y absorciones en la superficie interior: supongamos que $P_{ingresa}$ = 1W en la primera reflexión se absorbe (1 – r), en la 2da. (1 – r^2), etc., luego de N reflexiones se habrá absorbido (1 – r^N), como N es en general muy alto (más alto cuanto más pequeño es el orificio y las paredes rugosas) se tiene a ≈ 1, pues $r^N \approx 0$ (ya que r < 1). Por esto es que todo orificio que comunica a un interior (no iluminado) se lo ve negro (la pupila del ojo, las ventanas de los edificios, etc.).

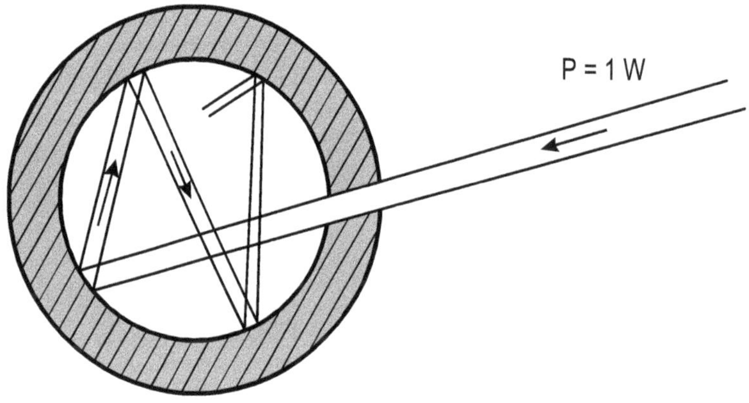

Figura 1-75

Pero por otro lado, si aumentamos la temperatura de la cavidad hasta que comience a emitir más de lo absorbido la experiencia muestra que el orificio brilla más que la superficie exterior. Podemos adelantar una idea que dicha de modo simple es: todo "buen absorbedor" es "buen emisor" y viceversa: "mal absorbedor" es "mal emisor".

En la fig.1-76 se muestran 3 filamentos o tubos de distintos materiales, todos ellos a 2000° K (calentados por ejemplo por el paso de corriente eléctrica).

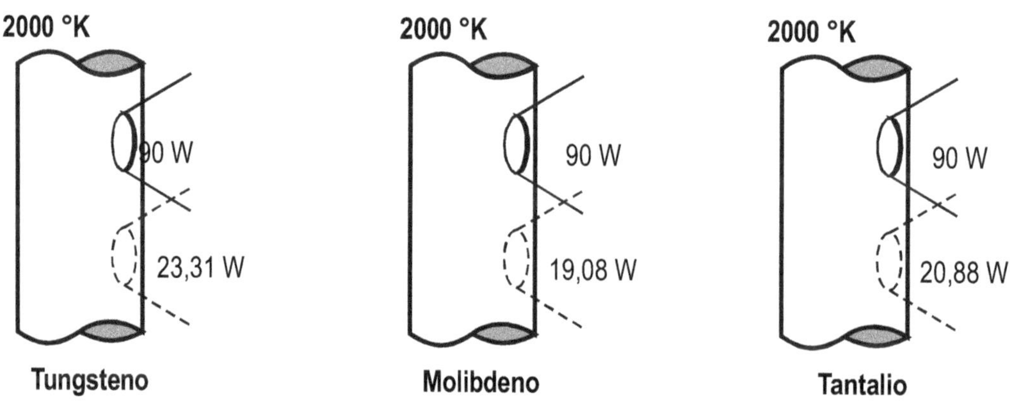

Figura 1-76

En cada tubo se ha practicado un orificio de 1 cm^2. A pesar de las distintas sustancias todos emiten por el orificio una potencia de 90 W. En cambio la potencia emitida por 1 cm^2 de la superficie no perforada es menor y diferente para cada material.

Radiación de cavidad o de cuerpo negro

Tiene un carácter universal, no depende del material, sólo de la temperatura y frecuencia (o longitud de onda). En las figs.1-77 se ha graficado $\Re(\lambda,T)$ en función de λ (para hacerlo en función de f hay que tener en cuenta que λf = C = veloc. de propagación de la luz en el vacio ≈ 3 x 10^8 m/s). Se observa que los máximos o "picos" de radiancia espectral se dan a menos longitudes λ cuanto mayor es la temperatura. Si λ_m es el λ de un máximo, se cumple la llamada **ley de Wien:** λ_m.T ≅ 2898 μm.ºK, esto implica que, p. ej. a T = 2898 ºK, λ_m = 1 μm = 1000 nm = 10000 Å (estamos en el Infrarrojo), para T = 6000 ºK (superficie del Sol) es λ_m ≅ 483 nm, etc.

A la izquierda vemos que para temperaturas del orden de 600 ºK (aprox. 300 ºC) la potencia emitida en el espectro visible (luz) es despreciable. A la derecha, a temperaturas del orden de varios miles, la potencia en forma de luz se torna importante.

Cuando se calienta gradualmente un cuerpo primero emite luz roja, luego cuando la potencia emitida es importante para todos los colores se torna blanco (incandescencia).

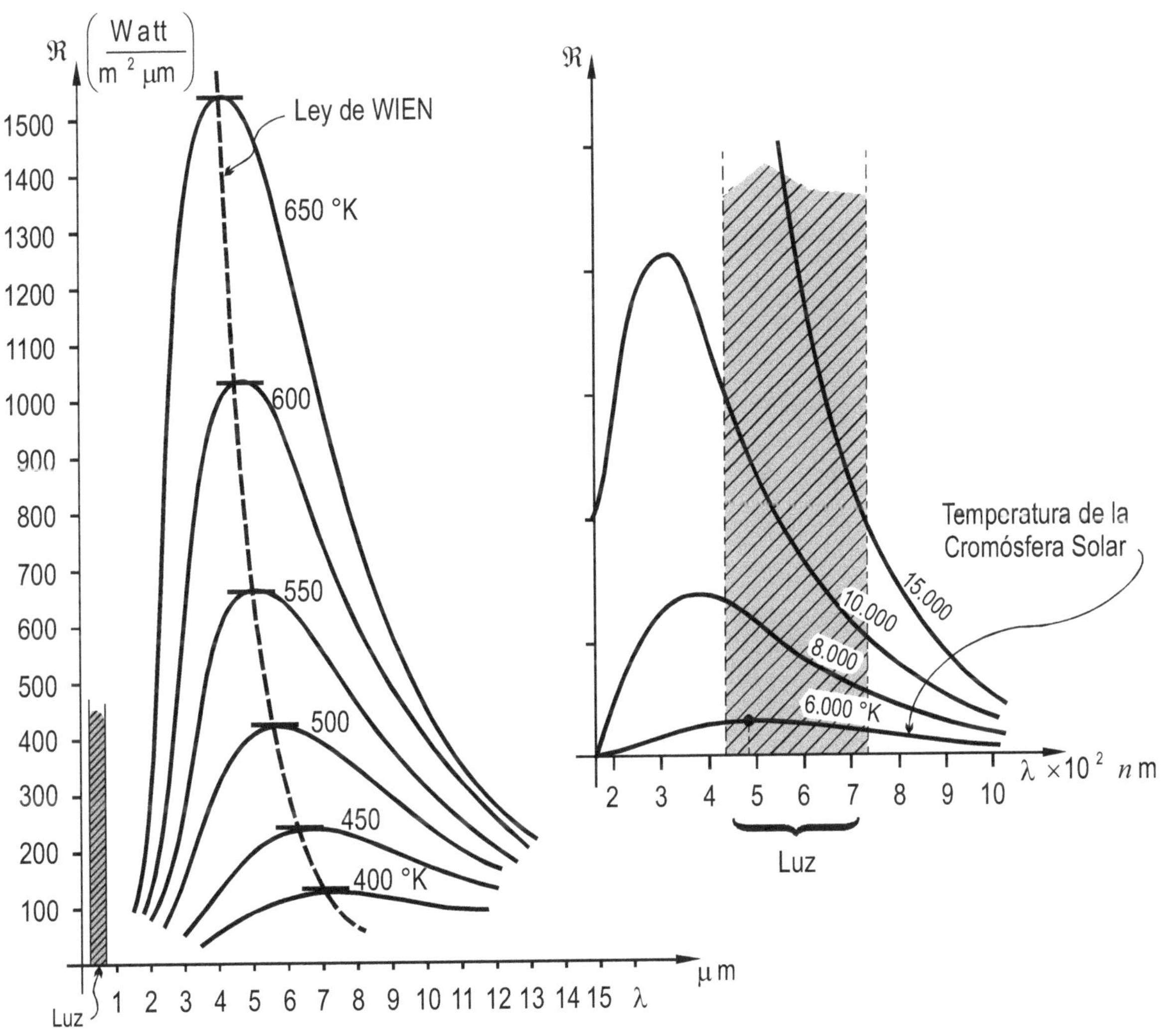

Figura 1-77

Ley de Stefan-Boltzmann

Experimentalmente encontraron que el área bajo la curva para una dada temperatura, es decir, la radiancia integral

$$R(T) = \frac{dP}{dS}\left(W/m^2\right)$$

es función de la cuarta potencia de la temperatura absoluta T

$$R(T) = \frac{dP}{dS} = \int_0^\infty \Re(\lambda, T) d\lambda = 6T^4 \qquad \left(\begin{array}{c}\textbf{Ley de Stefan - Boltzman, para el}\\ \textbf{cuerpo negro o radiador de cavidad}\end{array}\right)$$

donde б es la cte. universal de la radiación, de Stefan-Boltzmann.

Su valor es, en el S.I.

$$б = 5{,}67 \text{ x } 10^{-8} \left(\frac{W}{m^{2}\,{}^{o}K^4}\right)$$

Significa que un cpo. Negro de S = 1 m^2, a temperatura T = 1 °K emite 5,67 x 10^{-8} W. ¡¿Emite a tan baja temperatura?! Sí, pero claro está que si está rodeado de cuerpos más calientes, absorberá más de lo emitido.

También se encuentra que las radiaciones espectrales máximas $\Re_m$ (los "picos" de las curvas de las figs.1-77) cumplen con la ley:

$$\Re_m = C.T^5 \text{ donde } C \cong 1{,}3x10^{-14}\left(\frac{W}{m^2 nm^{o} K^5}\right)$$

Por ejemplo

para T = 1000 °K, $\quad T^5 = 10^{15}\ {}^{o}K^5 \quad \Rightarrow \quad \Re_m = 13\left(\frac{W}{m^2 nm}\right)$

para T = 10.000 °K, $\quad T^5 = 10^{20}\ {}^{o}K^5 \quad \Rightarrow \quad \Re_m = 1.300.000\left(\frac{W}{m^2 nm}\right)$

Radiancia de superficie. Emisividad (e). Cuerpo "gris"

Ya hemos señalado que la potencia emitida desde la superficie depende del material y del acabado de la superficie. Podemos definir otro coeficiente, la Emisividad (e), haciendo el cociente entre la radiancia espectral de superficie $(\Re_S)$ y la de cavidad o cuerpo negro $(\Re_C)$

$$e = \frac{\Re_S(\lambda, T)}{\Re_C(\lambda, T)} \qquad \text{(adimensional).}$$

En la fig.1-78 mostramos 3 curvas, todas para igual temperatura T.

Se denomina **"cuerpo gris"** aquel que posee una radiancia de superficie semejante a la de cavidad, pero de menor valor.

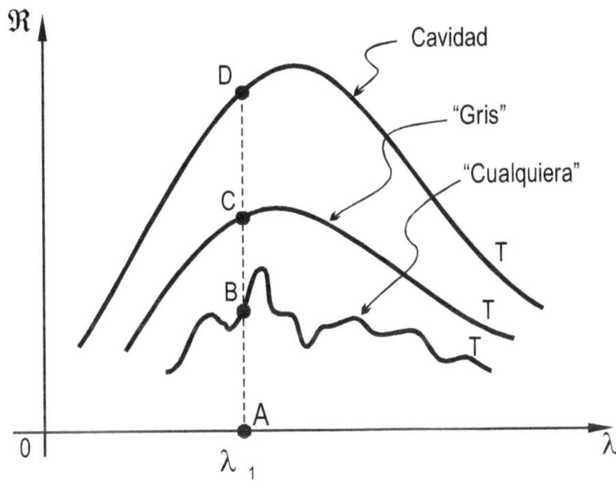

Figura 1-78

Es claro que para una dada longitud y temperatura es

"gris" $e = \frac{\overline{AC}}{\overline{AD}} \approx$ independiente de λ, pero función de T

"cualquiera" $e = \frac{\overline{AB}}{\overline{AD}} =$ función de λ y T

"cavidad" $e = 1$.

La ley de Stefan-Boltzmann para una superficie y/o cuerpo gris es

$R = e\sigma T^4$

Ley de Kirchhoff de la radiación

Daremos ahora mayor precisión a aquella idea que expresa que "todo buen emisor es buen absorbedor y viceversa". Veremos que si esto no fuese así, el equilibrio térmico no sería posible.

Sean distintos materiales I, II,.... Etc., con sus radiancias y absortividades $\Re_S$ y A_S (de superficie). Kirchhoff establece las siguientes igualdades de cocientes:

$$\left[\frac{\Re_S(\lambda,T)}{A_S(\lambda,T)}\right]_I = \left[\frac{\Re_S(\lambda,T)}{A_S(\lambda,T)}\right]_{II} = \ldots = \Re_{CAV.}(\lambda,T), \text{ pues } A_{CAV} = 1.$$

o bien, dividiendo miembro a m. por $\Re_{CAV}(\lambda,T)$ y recordando que $\Re_S / \Re_{CAV} = e(\lambda,T)$, se tiene:

$$\left[\frac{e(\lambda,T)}{A_S(\lambda,T)}\right]_I = \left[\frac{e(\lambda,T)}{A_S(\lambda,T)}\right]_{II} = \ldots = 1$$

es decir, para cualquier material es e (λ,T) = A_S (λ,T). Por esto es que generalmente no se encuentran tablas para A_S sino para e, pues son iguales.

Demostremos sencillamente lo que ocurre si algún material no respeta esta ley, es decir, si e ≠ a, por ej. el material II (fig.1-79). Resulta en definitiva que si inicialmente estaban en equilibrio térmico ($T_1 = T_2$), este equilibrio se rompe pues hay un paso neto de 0,15 W de II hacia I, $(0{,}4 - 0{,}25 = 0{,}15)$.

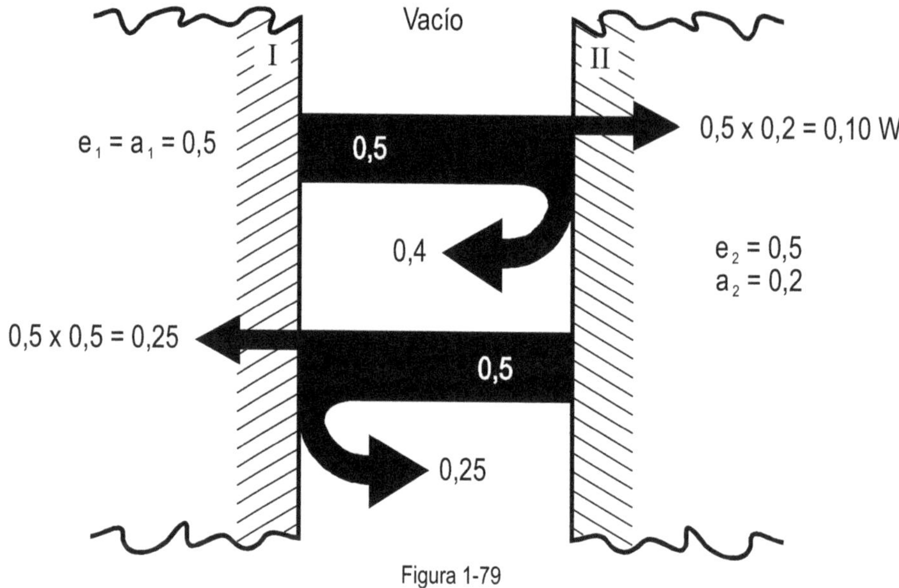

Figura 1-79

Demuestre el alumno que si II respeta también la ley de Kirc., aunque los valores de $e_2 = a_2$ sean distintos a los de I, el equilibrio se mantiene.

También para comprobar el cumplimiento de la ley de K. se monta el siguiente dispositivo (fig.1-80). El recipiente del medio tiene una cara izquierda de material I y la derecha de mat. II. Estas caras están enfrentadas a placas del material "contrario". Calentando el recipiente, las placas adquieren igual temperatura, pues

$$\frac{e_1}{a_1} = \frac{e_2}{a_2}$$

luego la placa II absorbe ($e_1\, a_2$) y la I absorbe ($e_2\, a_1$), pero es

$$e_1\, a_2 = e_2\, a_1$$

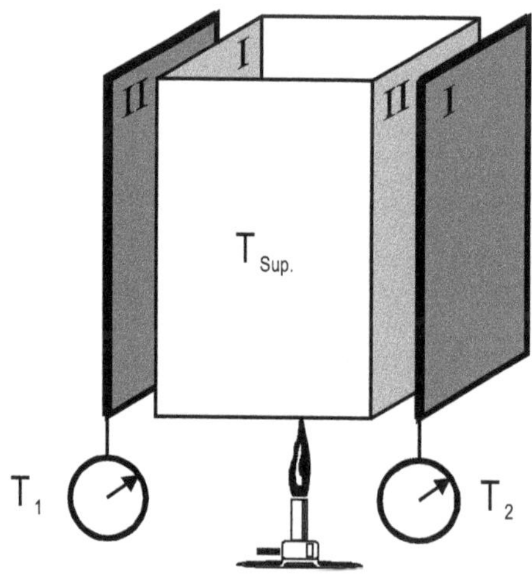

Figura 1-80

1.27. Interpretación de Max Planck, Nacimiento de la Física Cuántica

La radiación ha tenido una importancia enorme pues su estudio experimental condujo a una revolucionaria concepción: la Cuantificación de la energía, es decir, la variación discontinua, a "saltos", de la energía y luego de casi todas las otras magnitudes consideradas hasta el momento como continuas (cantidad de movimiento, momento cinético, etc.). En efecto, a fines del siglo pasado, varios físicos (Wien, Rayleight, Jean, Max Planck) trataron de elaborar un modelo basado en la física newtoniana y en las ecs. de Maxwell del electromagnetismo que explicase la radiación del cuerpo negro: sólo Max Planck tuvo éxito. Para ello tuvo que suponer algo que ni a él mismo le agradaba: que las cargas eléctricas constitutivas de la materia (electrones, iones) al oscilar con frecuencia (f) sólo emitían (y absorbían) energía electromagnética por cantidades enteras de un mínimo valor ("cuantum") E = hf, donde h es una cte. universal hoy llamada "de Planck", cuyo valor es $h = 6{,}63 \times 10^{-34}$ joul.seg.

Con esta suposición Planck pudo deducir una función $\Re(f,T)$ que se ajusta perfectamente con la curva empírica:

$$\Re(f,T) = \frac{2\pi h}{C^2} \cdot \frac{f^3}{e^{\frac{hf}{kt}} - 1} \left(\frac{Watt}{m^2 Hz} \right)$$

donde K es la conocida cte. de Boltzmann y C es la velocidad de la luz en el vacío.

Se puede escribir en términos de longitud de onda λ teniendo en cuenta que debe ser:

$$\Re(f,T)|df| = \Re(\lambda,T)|d\lambda|$$

y además que

$$\lambda = \frac{c}{f},\ d\lambda = -\frac{cdf}{f^2}$$

en valor absoluto es

$$|d\lambda| = \frac{c|df|}{f^2}$$

con esto resulta:

$$\Re(\lambda,T) = 2\pi h C^2 \cdot \frac{\lambda^{-5}}{e^{\frac{hC}{\lambda kt}} - 1} \left(\frac{Watt}{m^2 \mu m} \right)$$

Dentro de la cavidad se tiene una densidad volumétrica de potencia, por "unidad de frecuencia", dada por

$$U(f,T) = 8\pi \frac{h}{C^3} \cdot \frac{f^3}{e^{\frac{hf}{kt}} - 1} \left(\frac{Watt}{m^3 Hz} \right)$$

que no debe confundirse con $\Re(f,T)$, pues la expresión es muy parecida

$$u = \frac{4}{C}\Re$$

De $\Re(\lambda,T)$ se puede deducir la ley de Wien $\lambda_{máx}$ T = cte. buscando los máximos de $\Re$

$$\frac{\partial \Re}{\partial \lambda} = 0 \qquad \text{(a T = cte.)}$$

La ley de Stefan-Boltzmann se obtiene integrando:

$$бT^4 = \int_0^\infty \Re(\lambda,T)\,d\lambda$$

La cuantificación de la energía inspiró a Einstein en la interpretación del efecto fotoeléctrico: para ello supuso que la luz es radiación de "Fotones", de energía hf. Inspiró también a Niels Bohr en su modelo del átomo de hidrógeno que explica la emisión por "rayas" espectrales.

En fin, se inicia así la hoy tan desarrollada Física Cuántica.

La presente edición de *Estudio del Calor: Termodinámica* se terminó de imprimir en Universitas en el mes de agosto de 2020.

Impreso en Argentina

UNIVERSITAS
Editorial
Científica
Universitaria
CÓRDOBA

www.ingramcontent.com/pod-product-compliance
Ingram Content Group UK Ltd.
Pitfield, Milton Keynes, MK11 3LW, UK
UKHW061829190726
13853UKWH00009B/2520

9 789875 720152